食品知識ミニブックスシリーズ

〈改訂版〉

納豆入門

渡辺杉夫 著

Nissyoku 日本食糧新聞社

日本食糧新聞社　食品知識ミニブックシリーズ
「納豆入門」をお薦めいたします

全国納豆協同組合連合会　会長　野呂　剛弘

私たち全国納豆協同組合連合会は安心・安全のもと、皆様に国民食とされている「納豆」の供給を行うという使命を担い、日々真剣に取り組んでいます。

その一方で、「納豆」の価値向上のための理解促進活動も行っています。骨形成を促すビタミンK_2、アンチエイジングや大腸がんの抑制成分とされるポリアミンなど、納豆特有に含まれる成分が様々な機能を有していることが近年明らかになりました。納豆が、私たち日本人の健康に寄与している食品であることが分かっています。そうしたことが広く知れ渡ることで、従来、納豆を食べる事の少なかった地域や外国人の間にも、健康に良い食品として知られ、意識的に食べられるようになってきています。

しかしながらこの十数年で、納豆の低価格志向が顕在化しました。長きに渡る価格競争の末に、業界を支えるメーカー数が減少しています。現在の納豆連は四半世紀におよぶ価格競争や生産性向上のための投資など、時代に求められた変化にさらされ、苦労を克服して自助努力で生き抜いてきた企業で構成される組合です。納豆には地域性、多様性が存在します。こうした多様な文化を維持しながら、業界は健全に発展することが求められているのだと強く感じています。したがって、私たちは一丸となって「納豆の適正な価値」を消費者の皆様に、正しくご理解いただくことを丁寧に進めたいと考えています。

今般、初版に引き続き渡辺杉夫氏のご尽力により、本書ができあがりました。納豆に関する情報が様々な視点から書き上げられた本書は、食品・小売業界関係者並びに、それら業界研究を志す方々への入門書として格好です。発酵をメインとする納豆製造工程の記述などは、筆者の経験に基づく細部の言及もあり、充実した入門書となっています。

この書物を手に取っていただき、私たちの業界に興味と関心を抱いていただけましたらと存じます。

令和2年9月吉日

はしがき

日本民族にとって、タンパク質栄養源としての大豆は、古来から重要な食物であった。

そして、この大豆が納豆菌の繁殖・発酵をうけ、組織が分解され、更に原料以上の栄養価と生理機能性が高められた「無塩大豆発酵食品・納豆」は日本の伝統食品として存続し、我々日本人はこの恩恵に浴してきた。

近年、科学の発達と共に、基本となる大豆成分の栄養、食品機能性及び発酵によって生産された物質の生理機能性などが次々と意欲的に研究され、昔から伝えられた納豆の不思議な薬効が解明されてきた。

元来、食餌はバランスが大切で特定の食品のみで問題は解決されぬが、今後も納豆は日本人にとって重要な食品で在り続けることに変わりはない。

日本人の大豆食、大豆発酵食品の摂取については世界中からの関心が集まっている。

納豆は日本民族の天与の食品と考えていたが、やがてはかたちを変え、世界人類の天与の食品となる時期も間近と考えている。

今後この産業に携わろうとする製造・流通業界の方々、又一般国民の納豆への理解を深めるためとの日本食糧新聞社の意図により、「食品知識ミニブックスシリーズ」に納豆入門が加わることとなった。

皆様のお役にたてば幸甚に思います。

２０２０年9月　　渡辺　杉夫

目　次

第1章 納豆の発生と歴史

1 納豆とは

(1) 糸引き納豆とは

納豆は好みがハッキリと分かれる食品である。ひと昔前は、納豆の消費量は東高西低といわれ、関東・東北・北海道でたくさん食べられ、関西・四国ではあまり好まれる食品ではなかった。ただし、九州では東北と同じくらいによく食べられていた。

戦後の日本経済の高度成長期には、産業界の方々の転勤や、学生たちの分散が契機となり、また、除々に納豆の食品価値が認識されるようになり、全国的に消費されるようになったのはご同慶の至りである（図表1―1参照）。

最近では、テレビや雑誌の報道によって納豆の栄養や食品機能性もよく知られてきたので、あのネバネバや、臭いが嫌いという人もだんだん少なくなったのではないだろうか。

さて、あらためて納豆とはどのような食品であろうか？

日常スーパーの店頭で売られている納豆の正式な名前は、糸引き納豆という。糸引き納豆の原料は、「大豆」と「水」と「納豆菌」である。納豆菌はバクテリアの一種で、大豆の煮豆と相性が良い。煮豆の表面に納豆菌が付着し、適当な温度環境が与えられると納豆菌が繁殖し、発酵が起こる。

図表1－1　47都市の納豆購入金額ランキング

（単位：円）

2019年			2018年	順位	2017年	順位
1位	福島市	6,785	6,284	3位	6,735	1位
2位	水戸市	6,647	6,352	2位	5,513	3位
3位	盛岡市	6,399	6,631	1位	5,538	2位
4位	山形市	6,281	5,392	10位	5,495	4位
5位	長野市	5,934	5,634	6位	5,133	9位
6位	宇都宮市	5,594	5,419	9位	5,215	6位
7位	仙台市	5,592	5,783	5位	5,145	8位
8位	前橋市	5,453	6,136	4位	5,355	5位
9位	秋田市	5,339	5,574	7位	5,151	7位
10位	青森市	5,196	5,367	11位	4,688	11位
11位	新潟市	5,163	4,888	13位	4,489	13位
12位	富山市	5,121	4,748	14位	4,359	14位
13位	さいたま市	5,092	5,138	12位	4,940	10位
14位	福岡市	4,753	4,238	24位	3,396	30位
15位	千葉市	4,752	5,515	8位	4,115	18位
16位	札幌市	4,608	4,643	18位	4,112	19位
17位	熊本市	4,586	4,695	16位	4,631	12位
18位	横浜市	4,572	3,981	28位	4,210	16位
19位	福井市	4,482	4,513	19位	3,567	25位
20位	東京都区部	4,475	4,300	21位	4,133	17位
21位	佐賀市	4,463	4,242	23位	3,996	22位
22位	名古屋市	4,408	4,031	27位	3,390	31位
23位	鹿児島市	4,292	4,232	25位	3,860	24位
24位	金沢市	4,253	4,343	20位	4,013	21位
25位	静岡市	4,126	4,740	15位	4,073	20位
26位	岐阜市	4,121	3,825	32位	3,473	28位
27位	大分市	4,014	4,647	17位	3,503	27位
28位	甲府市	3,981	4,293	22位	4,298	15位
29位	長崎市	3,867	3,798	33位	3,324	32位
30位	大津市	3,767	3,767	34位	3,896	23位
31位	鳥取市	3,737	3,446	40位	2,924	38位
32位	奈良市	3,711	3,921	29位	3,201	33位
33位	岡山市	3,633	3,664	35位	3,197	34位
34位	広島市	3,546	3,616	37位	2,916	39位
35位	高知市	3,392	2,593	47位	2,580	42位
36位	松江市	3,367	3,919	30位	3,006	36位
37位	宮崎市	3,302	3,592	38位	3,431	29位
38位	津市	3,196	4,135	26位	3,505	26位
39位	山口市	2,996	3,193	42位	3,020	35位
40位	松山市	2,993	3,519	39位	2,509	43位
41位	徳島市	2,988	3,219	41位	2,287	45位
42位	那覇市	2,962	2,921	44位	2,686	41位
43位	京都市	2,822	3,845	31位	2,993	37位
43位	高松市	2,822	2,889	45位	2,055	47位
45位	神戸市	2,614	3,628	36位	2,388	44位
46位	大阪市	2,509	2,939	43位	2,757	40位
47位	和歌山市	2,190	2,626	46位	2,103	46位

資料：総務省「家計調査」
注　：２人以上世帯の１世帯当たり年間支出金額。

(2) 納豆は無塩大豆発酵食品

発酵とは、微生物が繁殖するため、その微生物の生産する酵素によって有機化合物が分解される現象を指す。たとえば、ブドウの実を潰して2〜3日放置しておくとぶくぶくと泡が出てくるが、これは、ブドウの皮に寄生していた酵母が繁殖するため、産生される酵素によってブドウ糖が分解され、アルコールと炭酸ガスが発生する発酵の一例である。

納豆の場合も納豆菌が大豆の表面に繁殖するための納豆菌の生産する酵素によって、大豆のタンパク質や炭水化物等が分解され、うま味のあるアミノ酸や、納豆独得のネバネバや、納豆特有の香りの成分が作られることを納豆の発酵と呼んでいる。

大豆発酵食品には、醤油・味噌などがあるが、これらは麹カビ・酵母・乳酸菌などが複雑に繁殖、発酵しうま味をつくり出したものである。納豆と異なるところは、保存性を良くするために食塩を使っていることである。この点、納豆は食塩を使わないので、無塩大豆発酵食品と呼ばれている。

無塩大豆発酵食品の仲間は外国にもあるが、とくにネバネバの多い糸引き納豆は日本独特のものである。米飯を中心とした日本型食生活のなかで、タンパク質や油脂の補給源として昔から長い間食事を楽しませてくれたのが納豆なのである。

2 納豆のいろいろ

糸引き納豆は、日本独自の発酵食品である。その理由は、日本では稲藁《わら》の利用が盛んで、納豆は、煮豆と稲藁の納豆菌の接触で偶然にでき上がったこと。また、前述のとおり糸引き納豆は、味噌・

醤油等食塩の入っている大豆発酵食品と区別して、無塩大豆発酵食品であることなどである。

(1) 日本の納豆類

読者の混同をおそれて話題にしなかったが、日本にはほかにも納豆と呼ばれるものがある。

① 浜納豆、大徳寺納豆

煮豆を麹《こうじ》菌で発酵させた後、塩水を加え、1カ月以上発酵させた黒褐色の納豆で、「唐納豆」「塩辛納豆」といわれている。明らかに中国から伝来し、味噌・醤油の原型となったものである。

② 甘納豆

甘納豆は、お菓子であって発酵食品ではない。まったくの別物である。

(2) 世界の納豆類

中国には「豆鼓《とうし》」という無塩大豆発酵食品があり、納豆の原型といわれているものがある。

日本を含め中国南西部や東南アジア一帯はモンスーン地帯といわれ、雨が多く温暖で湿度が高い。そのため、いろいろな微生物が繁殖し、発酵食品の多いところである。この一帯は、カシ、シイ、クス、ツバキなど葉の表面につやがあり光っている常緑樹林が多いので、照葉樹林文化圏といわれている。

文化人類学者の中尾佐助博士は、納豆の発生について「納豆トライアングル」という仮説を立てた。これは、塩を使わない発酵大豆食品が浸透している地域である、納豆の日本、テンペのジャワ、キネマのヒマラヤを結ぶと、大三角形ができるということである。そして、この仮説のセンターは中国の雲南で、ここから各地に拡がったのではないかという説である。各地を調査した結果、東アジアのなかでも少数民族の住む中国雲南、タイ、ミャンマー、ラオス、ブータン、ネパールなどに「無塩大豆発酵食品」のあることがわかった。

これは、微生物の種類こそ違うが、納豆菌に近いものまで含まれている。図表1－2にまとめたものはアジアの無塩大豆発酵食品で、納豆の仲間であった。

九州大学微生物遺伝子工学の原　敏夫教授は、アジア各地の無塩発酵大豆から納豆菌を分離し、粘質物生産能に関与するプラスミドの遺伝子配列を調べた。すると、日本の糸引き納豆と中国の淡豆鼓の納豆菌では1260個の暗号配列のうち4カ所しか

図表1－2　アジアの無塩大豆発酵食品

国名《こくめい》/ 発酵食品《はっこうしょくひん》	微生物《びせいぶつ》(学名《がくめい》)	寄生植物《きせいしょくぶつ》
日本《にほん》 糸引《いとひ》きなっとう	納豆菌《なっとうきん》 *Bacillus*《バチルス》 *subtillis*《スブチリス》*(natto*《ナットー》*)*	稲《いな》ワラ
大韓民国《だいかんみんこく》 清国醤《チョンクッジャン》(戦国醤《せんごくしょう》)	枯草菌《こそうきん》 *Bacillus*《バチルス》 *subtillis*《スブチリス》	空中《くうちゅう》
インドネシア テンペ	クモノスカビ *Rhizopus*《リゾーブス》 *oligosporus*《オリゴスポルス》	ハイビスカス
中国《ちゅうごく》 淡豆鼓《たんどうち》	枯草菌《こそうきん》 *Bacillus*《バチルス》 *subtillis*《スブチリス》	木《き》の葉《は》 シダの葉《は》
ネパール キネマ	枯草菌《こそうきん》 *Bacillus*《バチルス》 *subtillis*《スブチリス》	空中《くうちゅう》
ビルマ ペーポッ	枯草菌《こそうきん》 *Bacillus*《バチルス》 *subtillis*《スブチリス》	木《き》の葉《は》 シダの葉《は》
タイ トゥア・ナオ	枯草菌《こそうきん》 *Bacillus*《バチルス》 *subtillis*《スブチリス》	バナナ ヤマアサの葉《は》
ブータン リビ・イッパ	枯草菌《こそうきん》 *Bacillus*《バチルス》 *subtillis*《スブチリス》	不明《ふめい》
インド アクニ スザチェ	枯草菌《こそうきん》 *Bacillus*《バチルス》 *subtillis*《スブチリス》	バナナの葉《は》

資料：渡辺杉夫編「なっとうの絵本」(農山魚村文化協会)

違うところがなかった。タイのトアナオとネパールのキネマも90％以上が同じ配列であるといわれており、「無塩大豆発酵食品」のルーツは中国の雲南あたりという中尾博士の仮説が科学的に裏付けられている。

そして、日本の納豆菌も稲の伝来当時種籾《たねもみ》に寄生してきたのではないかと考えられている。

3 納豆の発生

(1) 大豆と納豆菌の伝来

納豆は日本古来の伝統食品と呼ばれているが、いつ、どこで、どのようにして生まれたものなのであろうか。この発生について考えてみよう。

納豆の原料は、大豆と納豆菌と水である。まず大豆を調べてみよう。

① 大　豆

大豆の生まれ故郷は中国で、野生大豆のツルマメから変化し、栽培の始まりは紀元前（ＢＣ）５０００年前といわれている。

中国の文献、ＢＣ７７０～４００年頃の「詩経」には、大豆は黄河の流域に栽培され、煮て食べられていた、と書かれている。すでに煮ていたということは非常な驚きである。というのも、大豆は栄養の豊富な食糧であるが、組織が堅く、消化が悪い上、人間の消化液の働きを妨げるトリプシンインヒビターという有害な成分を含んでおり、生の大豆を食べると下痢がおこる。この成分は、１００℃・５分の煮沸処理で取り除かれるが、古代人は、熱を節約するために大豆を炒って細かく挽き割って、これを雑炊にして食べていた様子で、うまく食べられるまでにはかなりの時間がかかったことと想像される。

また、大豆が納豆になるためには、納豆菌が煮豆の表面から栄養を吸収できることが第一条件で、大豆を煮ることができなければ納豆にはなりえないからである。

②藁の利用

納豆菌の寄生宿主となる藁《わら》は、米を収穫するときの副産物であるが、今はコンバインで米を収穫し、藁はすぐ水田にすき込んでしまうので、実際に見たことのない人もいるかもしれない。

藁は日本人の日常生活に直結し、いろいろな生活分野にわたって利用され、生活との関係の深さは驚くばかりである。縄文・弥生時代には、石や貝で作った包丁形の爪鎌《つめかま》というもので穂首から刈り取る「穂刈」が行われ、稲藁は火をつけて灰にしたり、すき込んで肥料にしたりしていた。

古墳時代に入ると、収穫に鉄製の柄鎌《えがま》が使われ、藁も収穫できるようになり、稲作の生産性が向上した。以来、藁の利用加工が多くなったといわれている。

藁から縄を作り、草鞋《わらじ》を作り、筵《むしろ》を織る。また、苞《つと》・かます・俵などものを入れる容器として利用される。さらに、農業用の堆肥・藁灰《わらはい》や、家畜の飼料、敷藁に使用され、また、住居をつくるために屋根をふいたり、土に混ぜて壁を塗ったり、風防のため家屋の周囲を囲んだりするほか、寝室の敷藁、畳の床や藁布団、敷筵、飯櫃《めしびつ》、ほうき、藁蓑、手袋、靴など、日本人の日常生活に直結して利用されてきた。

世界の稲作地帯の90％は東南アジアであるが、とくに日本においては加工に適する良い稲藁を得るための品種改良が行われており、日本ほど藁の利用の盛んな国はないといわれてきた。

今、忘れ去られているが、これが大戦直後までの日本の農村生活であった。

以上のように古墳時代からは、農家の家庭全体が納豆菌のすみかという感じで、大豆の煮豆と稲藁の納豆菌はいつでも接触するチャンスがあったと思われる。

納豆の発生は、携帯食を入れる藁苞《わらつと》に、大豆の煮豆を入れて偶然にでき上がった食品といわれ現代に伝えられているが、あえて藁苞でなくても納豆はできていたような気もするのである。

③ 納豆菌

納豆菌は、学問上は土壌微生物の枯草菌（Bacillus subtilis　バチルス・スブチリス）の仲間で納豆菌（Bacillus subutilis natto　バチルス・スブチリス・ナットー）と名付けられている。納豆菌は稲の寄生菌で、生育中の稲の表面のわずかな分泌物を栄養として増殖し、収穫後の稲藁にたくさんの胞子を残す。枯草菌と異なる点は、大豆煮豆に繁殖して納豆特有の風味と粘質物を生産するところである。

(2) 稲の伝来と藁の利用

納豆菌の寄生宿主となる稲の起源であるが、これも生まれは中国で６０００年くらい前といわれている。

中国に発生した大豆と稲が日本にもたらされたのは、ＢＣ２～３世紀の弥生早期といわれてきたのであるが、最近の研究ではこれが大きく修正され、両者が併存して栽培されていたのは縄文晩期にさかのぼる模様である。

熊本大の発表（２００７・９・23）によれ

ば、大豆の栽培開始は、定説であった弥生前期より1000年以上も古い縄文後期の中頃（約3600年前）にさかのぼることが報告された。これによって、一般的に縄文時代は狩猟・採集の生活といわれてきたが、大豆栽培の痕跡は縄文人の食生活が従来考えられていたよりも多様で豊かだったことが示された。

この研究手法は「レプリカ法」というもので、土器の表面や、内部に残された植物の種子等の跡を型にとって、顕微鏡で観察する方法である。この方法で縄文時代の土器片を調査し、痕跡を追いかけた結果、土器成型時粘土に付着し、土器を焼くときにできたとみられる大型の豆の種子の圧痕を発見したのである。

しかも、この圧痕が栽培種の扁平型大豆であることを突き止めたのである。

さらに、山梨県立博物館（2007・11・1）では、山梨県北杜市の酒呑場遺跡を発掘。また、県内各地の2万点にのぼる土器を調査し、約1400年さかのぼる縄文時代中期（約5000年前）の土器の大豆圧痕を発見、日本列島の広範な地域で大豆などの雑穀が栽培されていることが証明された。

水稲栽培については、国立歴史民族博物館（歴博）が進めてきた加速器質量分析法（AMS）による放射性炭素年代測定により、弥生時代の始まりは従来の説より500年早いBC10世紀にさかのぼることが発表された（2003年）。これによると、BC10世紀（BC950年頃）、北部九州に上陸した水田稲作は、BC800年頃には四国の西部と南部に伝わり、BC650年頃には近畿圏に到達、BC400年頃には青森に到着し、関東では遅れてBC100年頃となっており、稲作は青森を経由して南下し関東への普及は遅れていることなどが判明した。このように水田稲作が日本全体に普及されるのには850年もかかっている。

これらのことから判るように、この頃から日本では、大豆と稲は重要な農作物として栽培が続けられてきたのである。

4 糸引き納豆発生の伝説・史実

日本における納豆関係の最初の記録は、701年に制定された「大宝律令」という書物に大豆を原料とする「醤」「鼓」「未醤」などの今の醤油・味噌などの原型となる発酵食品が記載されているにすぎない。

納豆の発生についてのわれわれの関心事は、いつ頃どんな方法で、大豆の煮豆と稲藁の納豆菌が接触して納豆ができたのであろうかということであるが、伝説がいろいろと残っている。

(1) 納豆に関する伝説

① 聖徳太子の笑堂納豆伝説

最初の伝説は、飛鳥時代の聖徳太子の笑堂納豆伝説である。大豆と稲の栽培が紀元前に行われて以来、柄鎌の普及により稲作の生産性が向上し、稲藁も副産物として収穫できるようになり、時期も符合する。

これは7世紀のはじめ、滋賀県愛知郡湖東町(現・東近江市)で仏像を完成させた聖徳太子が、笑堂という場所で馬に飼料の煮豆を食べさせたが、残りを藁苞《わらつと》に詰めて木の枝にかけておいたところ、おいしい納豆になったとのこと。村人たちは太子に作り方を教わり、納豆が伝えられたということである。笑堂は、昔、藁苞村といわれたところだそうである。

② 八幡太郎義家の伝説

次は、八幡太郎義家の伝説である。

今から950年くらい前の平安時代（1051～1083年）に、奥州（今の岩手県）の安倍一族（頼時・貞任・宗任）の反乱を鎮めるため、八幡太郎義家が京都から軍を率いて戦いに行ったときのこと。不意に敵に襲われたので、馬の飼料に準備した煮豆を俵詰めにして馬の背中にくくって戦った。次の日、俵を開くと、煮豆が発酵して香ばしい匂いを出した納豆に変化していたということである。

また、これとは別に、納豆は古くからその土地で作られており、義家が土地の人たちに納豆を出され、おいしさに感服したという話も伝えられている。

そしてこの奥州征伐で納豆づくりを憶えた義家軍団が京都へ帰る途中、各地に納豆づくりを教えていったという。秋田、横手、山形、岩出山、仙台、福島、会津、太田原、水戸、浦和、東京、甲府、近江、丹波、京都――今の納豆生産地に関係があるところばかりである。

この道は、ナットウロードと呼ばれている。

この話の続きとなるが、この戦いで義家軍の捕虜となった安倍の宗任は、九州の大宰府に流されたが、九州でも土地の人々に慕われ、奥州の文化を広めた。その一つが納豆で、今でも熊本や日田地方に安倍宗任の納豆伝説が残っている。

③ 光厳法皇の伝説

南北朝時代の1334年に、光厳法皇が舟波国の常照皇寺で村民に藁苞納豆の製法を教えたとの伝説が残っている。

④ 加藤清正の伝説

熊本ではまた、次の伝説も残っている。1592年の文禄の役に、秀吉の命令で朝鮮に渡った加藤清正の軍は、原野の中で飢えと戦っていた。そんななか、干し味噌を詰めた俵に煮豆を入れて馬の背に乗せていると、馬の体温で香ばしい匂いを出しはじめた。清正公が俵を開けさせてみると、おいしい納豆になっていたので皆「香ばしい、香ばしい」と舌鼓をうったという。

このことから、「香ばしい豆」が「香の豆」「コノマメ」となり、熊本地方では、今でも納豆を〝コノマメ〟というそうである。

このように伝説には、「煮豆と藁」という材料と温度・湿度・納豆づくりの条件がくり返し出てきているのである。

(2) 史　実

史実として記録に残るものもあげてみる。

① 室町時代

「精進魚類軍物語」（1450年）によれば、〝納豆太郎糸重〟という登場人物が出て「折ふし納豆太郎、藁の中にひる寝して有りけるが……」という糸引き納豆を擬人化した物語となっていて、糸引き納豆が大衆化していた証拠となっている。

また、「大草家料理書」（1532年）には、醤油・納豆汁の扱い方等が書かれている。

② 安土桃山時代

「日葡辞書」（1603年）で、納豆はダイズを煮て室に入れてつくる食品であり、納豆汁はこれを材料としてつくると記されている。

③ 江戸時代

「合類日用料理抄」（１６８９年）には納豆のつくり方、食べ方などが詳しく記載されていて、当時の納豆愛好の様子がわかる。

また、「本朝食鑑」（１６９５年）では、納豆の語源のほか、納豆の製法についての記述があり、ムシロに開けあなぐら（地中に穴を掘ったもの）に入れ粘質物を出させた後、稲藁に包み、貯えることなどが書かれている。

さらに、「和漢三才図会」（１７１３年）に、糸引き納豆は苞納豆ともいわれると書かれている。「料理綱目調味抄」（１７３０年）にも記述がある。

また、「守貞漫稿」（１８５３年）には、次のように書かれている。「大豆を煮て室に一夜おいてこれを売る。昔は冬のみ、近年夏もこれを売る。京阪は自製するのみ、店売もなし。」

5 納豆製造業の出現

納豆は、昔は自家製の食品であったが、これが一般に市販されるようになったのはいつからだろうか。記録では、江戸時代前期（１６４３年）に納豆の呼び売り「ナット、ナット、ナットー！」が始まったとのこと。当時は〝ザル納豆〟を〝マス〟で計って売ったといわれている。

明治時代（１８６８年）に入るとザル納豆の行商は下火となり、東京にも苞《つと》納豆が入って来るようになった。

苞納豆は、昔からつくられており、今まで自家用として製造していた納豆特産地帯の宮城県岩出山・秋田県横手・茨城県水戸・京都・熊本などが商売用として製造を始めたといわれている。

このようにして明治から大正初期にかけて、徐々に企業として納豆がつくられ普及したのであるが、このような原始的な製造法では生産が非常に不安定であった。微生物の知識がなく、衛生ということさえわからぬ時代であったので、納豆にならないで腐敗してしまう原因がまったくわからず、納豆つくりは神頼み的な仕事であった。

第2章 近代納豆工業への展開

1 納豆菌の発見と科学的納豆製造法の基礎確立（第一次技術革新）

(1) 納豆菌の発見

① 初期の納豆製造

遠く、縄文中期にわが国では大豆栽培が始まり、やや遅れて縄文晩期に稲作が伝えられたという。わが国における大豆と稲藁《わら》の併存は、各地に納豆の発生伝説を生み、普及の輪を拡げて長い年代にわたり日本人に愛好された。そして、日本独特の伝統食品として現代に継承されている。

古来の納豆づくりの基本は、煮豆を稲藁で包み、稲藁に寄生した納豆菌で煮豆を発酵させる、いわゆる苞《つと》納豆であり、自家生産物であった。

江戸末期からは製造業者が出現し、市中で販売され始めた。当時は納豆のできる理由がまったくわからず、原始的な製造法で行われ、生産が非常に不安定であった。そのため不良納豆を山積し倒産した企業がたくさんあり、明治からの50年間で、東京だけでも40～50軒の業者が興廃したと伝えられている。

② 微生物の発見

微生物の存在が解明されたのは、1674年オランダ人のレーウェンフックが50～300倍くらいに拡大できる顕微鏡を発明してからのこと。その後、フランスのパスツールやドイツのシュワンによって、アルコール発酵や乳酸発酵、酢酸発酵などが、それぞれ固有の微生物によっておこされることが発見された。

明治20年代は日本の科学の黎明期で、細菌学の研究が盛んとなった。北里柴三郎（破傷風血清療法の発見、1890年）をはじめ、赤痢菌の発見者、志賀 潔や野口英世などの細菌学者を輩出して世界的な業績を残した。ちょうどこの時期から納豆の微生物学的研究も開始されたのである。

③ 納豆菌の研究

納豆菌研究の嚆矢《こうし》は、1894（明治27）年矢部規矩治氏が日本化学誌に発表した〝On the vegetable cheese, Natto〟である（図表2―1）。これは、納豆研究論文の第1号で、矢部氏は市販納豆からバチルス属1種とMicrococcus（表皮ブドウ球菌）属3種を分離したが、納豆生成菌と断定するにはいたらなかった。

その後1902（明治35）年の須田・米城氏の「納豆の微生物について」、05年の清田・武藤氏の研究によって納豆生成菌はバチルス属の細菌に絞られたが、1種類の菌か2種類以上の共同作用が必要なのかまったくわからなかったのである。

同05年、農学会報に東大助教授 沢村 真氏の「納豆菌について」という画期的な研究発表があった。大豆に接種して納豆になる捍菌《かんきん》2菌株を選択、1号菌が納豆生産の主役であり、枯草菌・馬鈴著菌では納豆ができず、1号菌を新種と認め、沢村Bacillus natto SAWAMURAと命名した。沢村博士はこの研究をもとに、安全で清潔な納豆をつくるために、純粋培養の納豆菌を使うことを提唱したが、実用化するまでにはいたらなかった。

1912（明治45）年、盛岡高農の村松舜祐教授は、納豆菌と納豆製造法の発表を行った。各地

図表2－1 納豆生産技術開発小史年表

西暦	年号	納豆の研究および生産技術開発特記事項	社会および業界情勢
1868	明治元年	（納豆の微生物学的研究始まる）	20年代日本科学の黎明期
1894	27	矢部規矩治「On the vegetable cheese, Natto」を発表、納豆の細菌学的研究の第1号（清酒酵母の発見者）	日清戦争起こる
1902	35	須田、米城氏「納豆の微生物について」	
1905	38	清田、武藤氏の研究発表 沢村 真氏、納豆菌を発見「Bacillus natto SAWAMURA」と命名	ポーツマス条約調印
1912	大正元年	村松舜祐「納豆菌と納豆製造法について」	東京で納豆製造業者8名が組合結成
1919	8	（納豆の科学的製造法の研究展開し確立する）（第一次技術革新） 半沢 洵氏納豆容器改良会設立、雑誌「納豆」第1号を発行 純粋培養納豆菌と衛生容器による新製法、半沢式納豆製造法を提唱 納豆生産業者に純粋培養納豆菌の供給をはじめる	ヴェルサイユ条約調印
1920	9	雑誌「納豆」第2号発行（納豆の酸素に関する研究展開）	国際連盟が発足
1921	10	三浦二郎氏「納豆醗酵室」を改良、「文化ムロ」を発案 衛生的納豆の大量生産に成功、「宮城野納豆」を販売	
1922	11	雑誌「納豆」第3号発行	
1926	昭和元年	半沢 洵編「納豆製造法」創刊発行（雑誌「納豆」の第1号～第3号の抜粋）	
1930	5	半沢 洵編「納豆製造法」第2版 （納豆の消化器系伝染病菌に対する予防、治療効果についての研究、展開）	
1936	11	半沢 洵編「納豆製造法」第3版	
1940	15		大豆統制 全国納豆工業組合協会連合会設立（参加17組合、633組合員）

西暦	年号	納豆の研究および生産技術開発特記事項	社会および業界情勢
1945	昭和20	（納豆の抗菌性に関する研究、展開）	終戦
1949	24	山崎百治、三浦二郎共著「納豆の合理的製造法」発行	
1951	26	（納豆菌の生化学、免疫学、栄養学的研究展開）	大豆統制解除
1957	32		納豆製造業が食品衛生法の許可対象となる
1958	33	関口良治「納豆の造り方と調理法」発行	岩戸景気
1960	35		中国大豆の輸入 スーパーマーケット出現
1961	36		「納豆まつり」全国キャンペーンを行う
1962	37	藤井久雄氏「納豆菌による粘質物の生成」 合成樹脂製納豆容器の開発がはじまる	冷凍機の急速普及化時代 「納豆機械展示会」開催
1965	40	（納豆生産の機械化および工場大型化が進む）（第二次技術革新） PSP 容器出現 全納連、農林省食品総合研究所に「納豆製造合理化に関する研究」を委託	「納豆機械展示会」開催
1967	42	藤井久雄氏「納豆菌のファージ分離とその一般的性質」	日本チェーンストア協会設立
1968	43	自動給排気装置付FRP製納豆醗酵室出現	「納豆機械展示会」開催
1970	45	プログラム制御式冷蔵庫兼用型自動納豆醗酵室が開発される	
1971	46	（工程中の科学変化等の研究が盛んに行われる） 太子食品工業　十和田工場操業	ニクソン・ショック
1972	47	自動充填機が展示会に出品される	「納豆機械展示会」開催
1974	49	水戸納豆製造　本社工場完成	初の経済マイナス成長

西暦	年号	納豆の研究および生産技術開発特記事項	社会および業界情勢
		自動充填機およびシール機完成 （PSP、ミニ3連容器ならびに藁苞用） 大里商店（現オーセット）　本社工場移転	
1975	昭和50	あづま食品　関堀工場完成 タカノフーズ　霞ヶ浦工場完成 朝日食品　本社工場完成	新幹線博多まで開通
1978	53	カップ容器出現、カップ充填機、万能型充填包装機、紙ラベラー完成	冷凍機の本格普及化時代
1980	55	ヤマダフーズ　新本社工場完成	
1981	56	高速自動充填機	
1982	57	タカノフーズ　水戸第一工場完成	
1983	58	マルキン食品工業（現マルキン食品）　宇土工場新設 九州大豆食品協業組合　工場完成	「日本型食生活」提言
1984	59	フィルムラベラー完成 くめクオリティプロダクツ　新工場完成	
1986	61	（納豆生産のFA化始まる）（第3次技術革新）	
1987	62	宮崎医大須見洋行氏「ナットキナーゼ」発見 タカノフーズ　水戸第二FA工場完成	ボーダーレスの時代
1988	63	丸美屋　南関工場完成	
1992	平成4年	ヤマダフーズ　新工場増設でFA化	
1995	7	あづま食品が国際的な有機農作物認定（OCIA）を受ける	阪神・淡路大震災
1997	9	朝日食品が中埜酢店と資本提携	

の納豆から単独で納豆をつくることのできる3種のバチルスを分離し、この純粋培養で納豆をつくることを業者に勧め、学内で納豆を製造し販売もした。

こうして、明治末期には、納豆を生産する菌が発見され、実際に純粋培養の納豆菌が製造に使われた。しかし、まだこの時期では藁苞《わらつと》納豆製造の補強に純粋培養の納豆菌が使われたにすぎない。そのため、非衛生な面があったり、雑菌の付着混入があったりで、品質の安定した良い納豆ができるとは限らなかったのである。

(2) 科学的製造法の基礎確立

今までの非衛生な藁苞を使わず、清潔な経木や折箱と純粋培養の納豆菌だけで納豆をつくる画期的な納豆製造法を確立したのは、北海道大学半沢洵博士であった（写真2—1、写真2—2）。1916（大正5）年農学部応用菌学教室で納豆菌の純粋培養に着手、供給を始めた。19年に、これまでの研究を集約して「納豆容器改良会」を設立し、培養菌と改良容器による新しい製造法、いわゆる〝半沢式納豆製造法〟を確立した。

しかし、工業化への苦労は並大抵なものではなく、後に、全国納豆工業協同組合連合会の初代会長になった仙台市の三浦二朗氏は、博士の指導により、発酵室の改造に血の滲むような努力を重ねた末、発酵後半の冷却と除湿を司る〝通気口〟を発案し、1921（大正10）年、遂に工業化への成功をみたのである。

この発酵室の天井に通気孔をつけた三浦式発酵室は文化室と呼ばれ、純粋培養の納豆菌とともに、工業化成功の革命的出来事となり、ここに科学的製造法の基礎が確立されたのである。

この科学的製造法は、大正末期から第二次世界大戦開始まで業界に徐々に浸透し、納豆製造業は零細ではあるが一応安定した企業として定着していった。1940（昭和15）年には、原料大豆が統制となったため全国納豆工業組合連合会が設立されたが、当時の組合員は633名、年間大豆処理量は2万5000ｔに達したと記録されている。

納豆製造法の確立に貢献された
（米寿　1966年）
写真提供：北大　高尾彰一名誉教授

写真２－１　半沢　洵博士

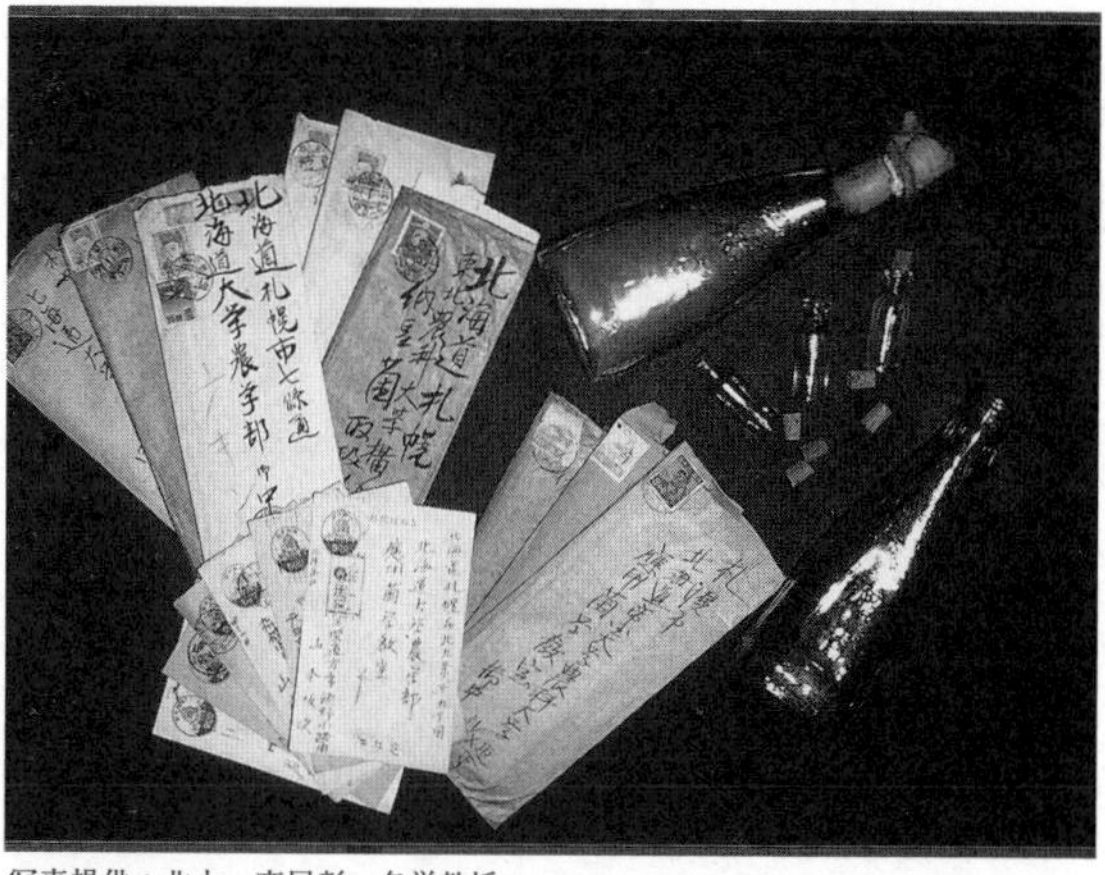

写真提供：北大　高尾彰一名誉教授

写真２－２　北海道大学へ納豆菌分譲を求めた手紙類と納豆菌斜面培養に使用した硝子瓶および納豆菌分譲用の小瓶

2 大戦後の流通機構の改革と納豆生産の機械化（第二次技術革新）

(1) 戦後の流通機構の改革

① 戦後の需要増

戦時中、原料大豆入手困難のため納豆業界は休業状態にあり、敗戦後は全国的な食糧難の時代で、まさに飢餓の時代であった。食糧不足は、国内の自給生産と米国からの輸入で徐々にではあるが緩和されていったが、動物性タンパク質と植物性タンパク質の絶対量が不足していた。学識経験者等の意見によれば、大豆なら1日50gの摂取が必要で、これは納豆にして食べるのが一番良いということであった。そのため、戦後納豆業界は売り手市場で、割に安定した業界であったと思われる。

当時の販売方法は、そのほとんどが各家庭への直販であり、また、小規模食料品店に卸売する形式で、原料も少なく、輸送用の自動車もなく、広域の販売は不可能であった。

② 小規模での製造

その後、世の中が徐々に好況になり、ほかの食品工業が次々と近代化に脱皮し、大量生産を始めたにもかかわらず、納豆製造業は比較的小規模な業態であった。原因は納豆が常に生きている食品であり、製造後の保管状態によっては、すぐ変敗する長持ちしない食品であったためと考えられる。

納豆は保管する温度が高いと、脱アミノ反応が起こり、アンモニアが発生し食べられなくなってしまうのである。この変敗反応を抑えるには、低温度コントロールしかなく、冷蔵庫のない時代の流通では納豆は大量生産できず、規模の大きな生産業者は生まれなかったのである。

昔の納豆の生産量・消費量が圧倒的に関東、東北地方に多かった理由も、寒冷地であるという自然の保護的要因があったためと思われる。

③ チェーンストアの台頭

しかし、この頃から業界には、現在のような流通構造の変化を起こす兆候が少しずつ現われはじめていた。それは食品小売業の構造変革で、スーパーマーケットと呼ばれるチェーンストアの台頭であった。実に1960（昭和35）年頃には現在の上位クラスの量販店が、単独店として全部名前を連ねており、これ以降は全部チェーン化計画に入っていたのである。

この胎動は、日本経済の高度成長や都市構造の変化、巨大都市の成立、人手不足に対応する経営体質の改善等の環境条件にともなって起こった時代的要請でもあったのである。

(2) 納豆生産の機械化

流通構造の変革や高度成長の煽りは、当然納豆業界にも反映された。1965（昭和40）年を境に、人手不足や大量生産の要請のための第二の技術革新ともいえる「製造装置の機械化」が進められた。

① 蒸煮工程・充填工程の機械化

まず、製造工程の中での蒸煮工程は、還流式ボイラーの普及とともに煮汁の処理や均一蒸煮に適した回転式蒸煮缶に変わった。

充填工程においては、従来使用されて来た藁苞、経木等の納豆容器は流通業界からも不衛生で売場を汚すなどと嫌われ、充填包装の能率も悪いため、合成樹脂製の美麗で保温力のあるPSP容器（発泡スチロール食品容器）が採用されるようになった。加工性に優れたＰＳＰ容器は共蓋容器に改良され、除湿のための通気孔や、容器内面の通気溝などさまざまに工夫され、現在も主流として使用され続けている。

容器が定型化されたことで、自動充填装置の開発が促進され、また、皮膜の抑え込みや切断、タレ・カラシ等の小袋投入供給が実現し、充填包装工程の一貫ラインの完成をみた。蒸煮後経時的に物性が変わる蒸煮大豆の定量充填は、機械開発にたいへんな苦労を要したものの一つである。

② 発酵工程の機械化

発酵工程の発酵室は従来の木室・石室等の殺菌洗浄性の悪い素材を改め、ＦＲＰ性の材料（ＦＲＰ：ガラス繊維強化プラスチック、Fiberglass Reinforced Plastics）へと漸次移行した。発酵室の機能は、通気孔が改良されて自動天窓装置となり、空調機の発達から発酵工程中の温湿度コントロールや二次冷却が的確に行われるようになった。そして、アンモニアの発生を抑え高品質を保ち得る冷蔵庫兼用型発酵室が開発された。

さらに、全発酵工程をつかさどる自動制御盤が工夫され、プログラム制御が開発された。現在の段階制御、品温制御方式の基礎となるもので、当時、自動納豆製造装置と呼ばれ、納豆生産に関する技術革新の重要なものの一つとなっている。

この発明によって、今まで長年の熟練者が徹夜で管理しなければならなかった作業に終止符が打たれ、納豆業者に嫁に来ても里帰りのできぬ製造管理責任者の主婦たちから感謝を受けた。

③ 冷蔵機の普及

流通環境において特記しておきたいのは、冷蔵機、すなわち、製造業者の貯蔵用冷蔵庫や家庭用冷蔵庫の発達普及と、それにともなう食料品店やスーパーのコールドチェーンの確立である。これら冷蔵機の普及が、二次発酵によるアンモニアの発生が不可避な生鮮食品である納豆の普及において、どれほど援護の役割を果たしたか、計り知れないものがある。

コールドチェーンの発達は、さらに、納豆の熟成を助け、納豆表面の乾燥を計ることで、味を濃縮させ、保存性を良くし、年間低温の季節に偏っていた納豆の消費を通年性のものとしたのである。

現今の全国的な納豆食の隆盛をみたのは、この冷蔵機の発達に依るといっても過言ではない。

このように昭和40年代は機械化の基礎が進み、流通環境が整い、次第に近代化が進められていった。そして、人手に代わる機器の出現によって昭和40年代後半からは大規模な納豆製造工場がぼつぼつ建設され始めた。

④ 工場の大型化

納豆生産機器のうち、発酵室を除き開発に苦労したのは充填機・シール機等で、安定して使えるようになったのは昭和50年代であり、需給の増大から各地で旧工場の拡張による大型化が開始された。

本格的ライン化工場の出現は50年代後半であった。1972（昭和47）年タカノフーズが霞ヶ浦工場増設、75年あづま食品が関堀工場を完成するなど、以降大手業者の新工場建設が相次いだ。

3 寡占化と生産システムの自動化（第三次技術革新）

(1) 納豆製造業者の寡占化

1985（昭和60）年度の納豆市場は850億円、

大豆処理量は8万５０００ｔで上位7社の占める割合は33%であった。86年度以降、上位10社の市場占拠率は年々上昇し、89（平成元）年度は、市場１１００億円、大豆処理量は9万５０００ｔで49%に達した。トップメーカーのタカノフーズは、全市場の10・7%にも達した。81（昭和56）年度の全国納豆協同組合連合会の組合員数は９８７社といわれていたが、90（平成２）年には５４６社程度に減少するほど寡占化が進んだ。

(2) 生産システムの自動化

納豆業界の寡占化・工場の大型化が進むなかで、１９８７（昭和62）年度、画期的なＦＡ化工場（ＦＡ化：Factory Automation 生産システムの自動化）を完成させたのがタカノフーズであった。

タカノフーズは本拠、茨城県本茨城郡小川町に１９７６（昭和51）工場を拡張、大型工場の霞ヶ浦工場を建設し、82年には水戸第一工場を完成させた。さらに、年々増大する需要量を供給する必要に迫られ、水戸第二工場の建設を計画したのであるが、同地域での従業員の増員に限度があった。そのため、新工場は徹底した人員削減の必要に迫られたのである。

もちろん、ＦＡ化工場の目標とする、

・品質と安定の向上
・コスト低減
・安定供給の性能向上

を前提として計画が練られ、設計・建設が進められた。そして、１９８７（昭和62）年12月に歴史的なＦＡ工場が誕生した。

(3) 自動化により改善された事項

生産システムの自動化により、次の点が改善された。

① 労力の省力化

原料受け入れから、原料処理、浸漬、蒸煮、接種、充填、発酵、二次包装、冷蔵、出荷まで、原料および資材の流れが整理され、各機器を自動化することで労力の要る主な機械的作業が排除された。

とくに、浸漬大豆の蒸煮缶への分配、蒸煮作業の自動化、蒸煮大豆の充填機への分配、納豆菌接種の自動化、高速充填ラインの採用やオートケーサーによるコンテナ詰、スタッキングの自動化および発酵室への搬送等、従来、労力を要した機械的作業を納豆生産に適した自動機械や無人搬送車等を開発採用し、労力の軽減、省人化が計られた。

② 徹底した衛生管理

納豆工業は、純粋な微生物による発酵工業であり、製品の品質向上に衛生管理を徹底しなければならない。工場の構造全体にこの思想を徹底し、機器類はできる限り自動洗浄できるよう配慮し、とくに洗浄困難な浸漬タンク等はＣＩＰ洗浄(Cleaning in Place 定置循環洗浄)を採用した。また、搬送コンベヤー等は雑菌汚染のため排除し、ロボット搬送車を採用し、自動洗浄を行えるようにした。また、コンテナ、室内殺菌洗浄等も各所に新しい試みを加え、品質の安全、安定化が計られた。

③ 工場のクリーン化

従来、高温・多湿の悪循環にあった蒸煮室が整理され、塵埃の多かった原料工場も悪循環から開放された。

④ コンピューターによる一元管理

工場全体の工程管理はすべて、中央管理室のコンピューターで統括管理されている。各工程の要所には現場制御盤が配置され、とくに従来、熟練を要する蒸煮工程・発酵工程はプログラム制御とし熟練者の負担軽減と的確な均一生産が図れるようになった。

(4) 現在の納豆工場

以上のようにFA化により、省人化を果し作業の効率が良くなり、工程が安定し、衛生面が向上し、労働環境が改善され生産性が向上したのである。工場の出現によって、発酵工業のなかで立ち遅れ、しかも零細企業としてのイメージの強かった納豆工業も、近代化された発酵工業に加えられ、ほかの発酵食品工業等に比しても遜色のない、近代企業に成長したのである。

現在、納豆業界では健康食ブームに支えられ、生産設備の増強が相次ぎ、さらに近代化が進められている。テレビ、雑誌等に取り上げられ紹介された近代的な納豆工場は、従来の納豆企業の認識を改めさせ、納豆業界全体のイメージアップを果たした。

企業内部の意識高揚に果たした功績も大きく、最近はこの業界の人材も豊富となり、生産の改善や製品の安定供給、納豆の科学的研究に、若い意欲に燃えた力が結集され、業界全体を発展させている。

第3章 現代の納豆製造、流通・保蔵、および表示

現在、納豆原料である大豆の年間消費量は160万tで、納豆に加工すると生産量は31万2000t。これをパック数に換算すると、1パック40gとして、年間で78億個が生産されている。

納豆は、蒸し煮大豆に納豆菌を接種したものを30～50gの個別製品として包装した後、製品内部で発酵が行われて完成品となる特殊な固体発酵食品である。個別単位での大量生産品であるが、均一な品質での生産が必要とされる。このため、今日まで生産の拡大や工業化のために、納豆ならではの独創的技術開発が行われ、現在の合理化、省力化、衛生化された製造装置・ラインが整備されている。

1 現代の納豆製造

納豆生産のフローシート（図表3―1）、およびフローチャート（図表3―2）、工程写真を掲げながら製造工程を簡略に説明する。

(1) 原料大豆の保管と精選工程

国内外で収穫した大豆は、収穫地や港湾で一度精選処理が行われる。選別後は、気温の上昇による品質の劣化を避けるため低温で輸送され、その後は室温15℃・湿度60％の低温倉庫に保管されている。さらに、念を入れて、納豆工場に入荷した後も精選処理が行われている。

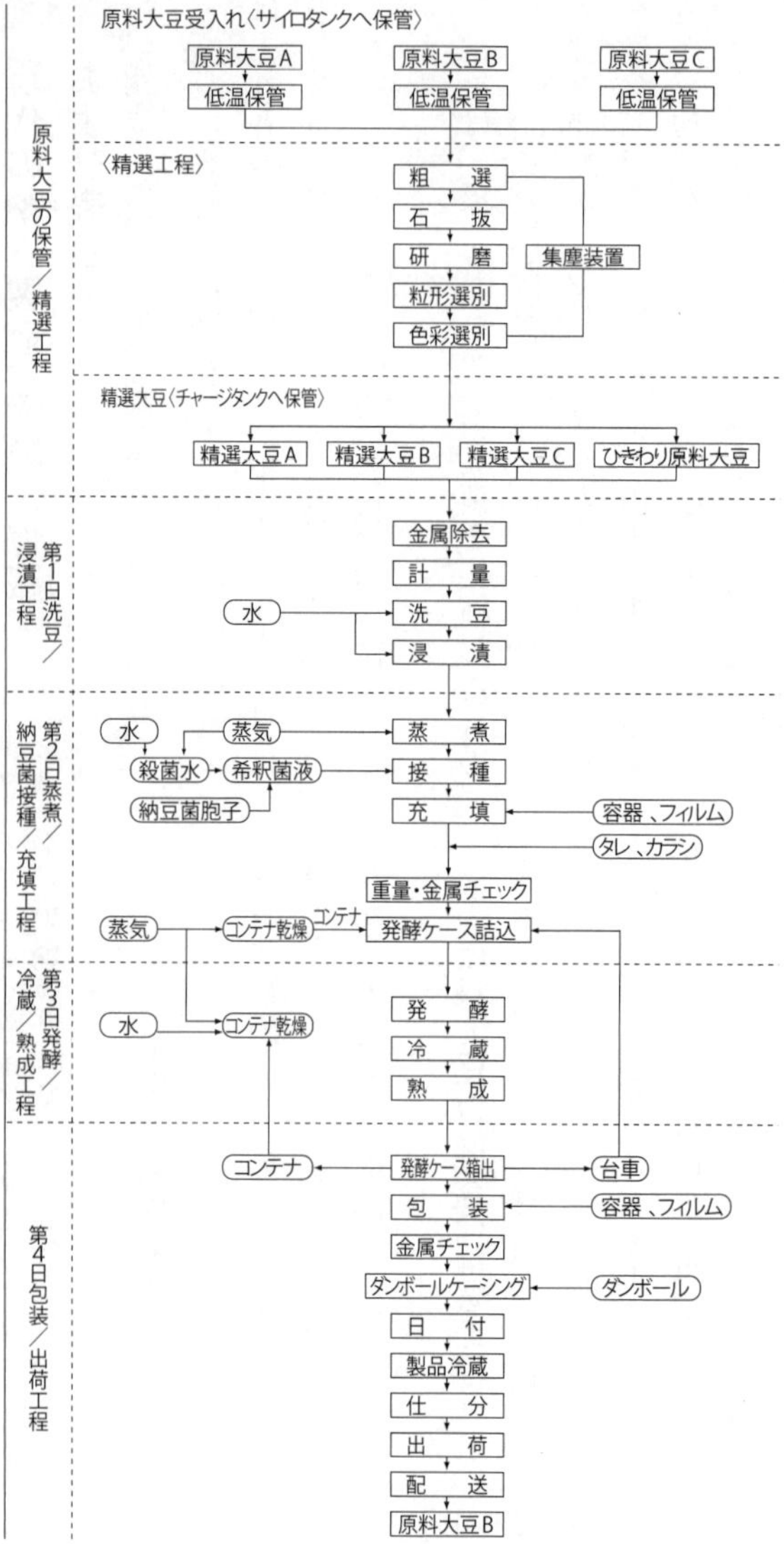

図表３－１　納豆生産フローシート

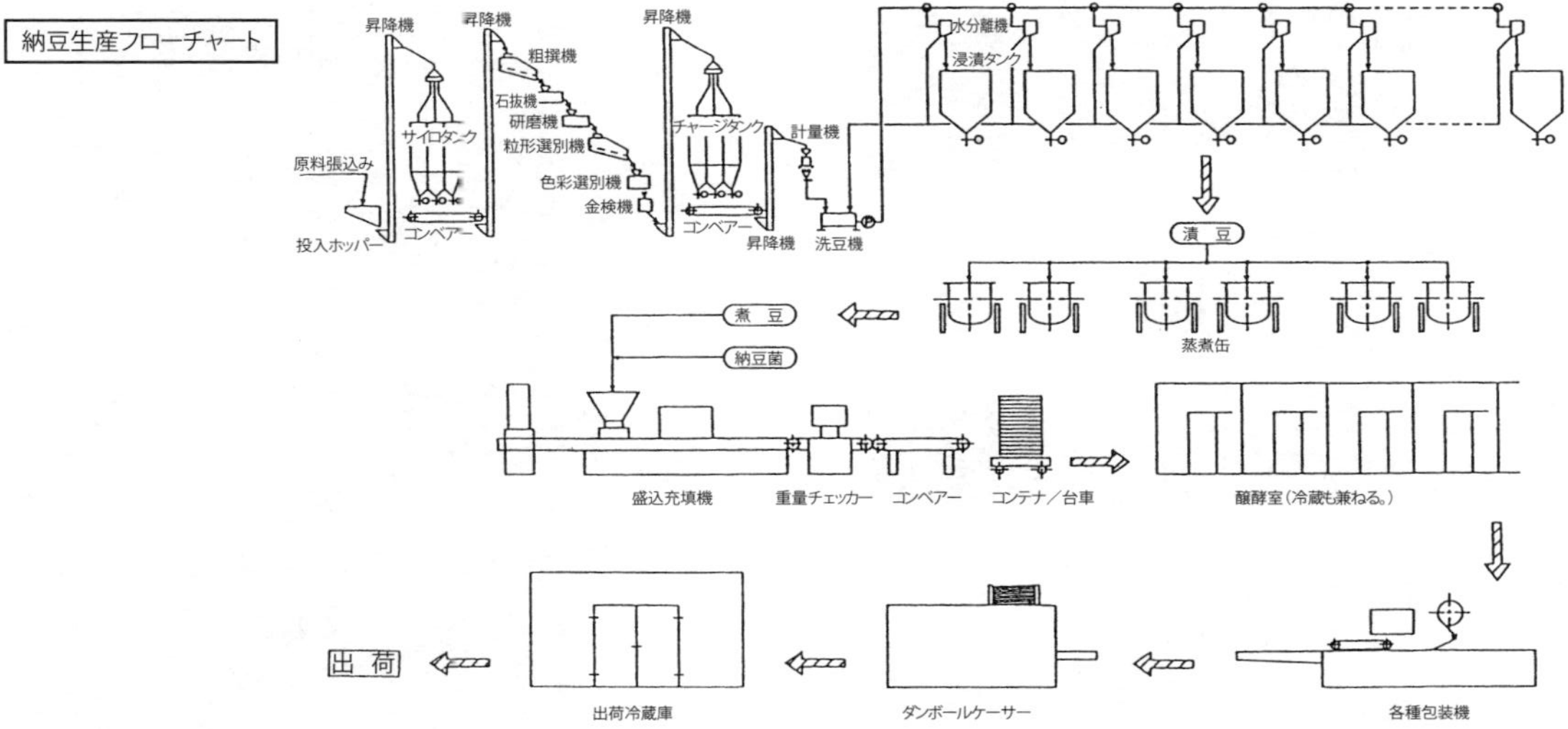

図表3－2 納豆生産フローチャート

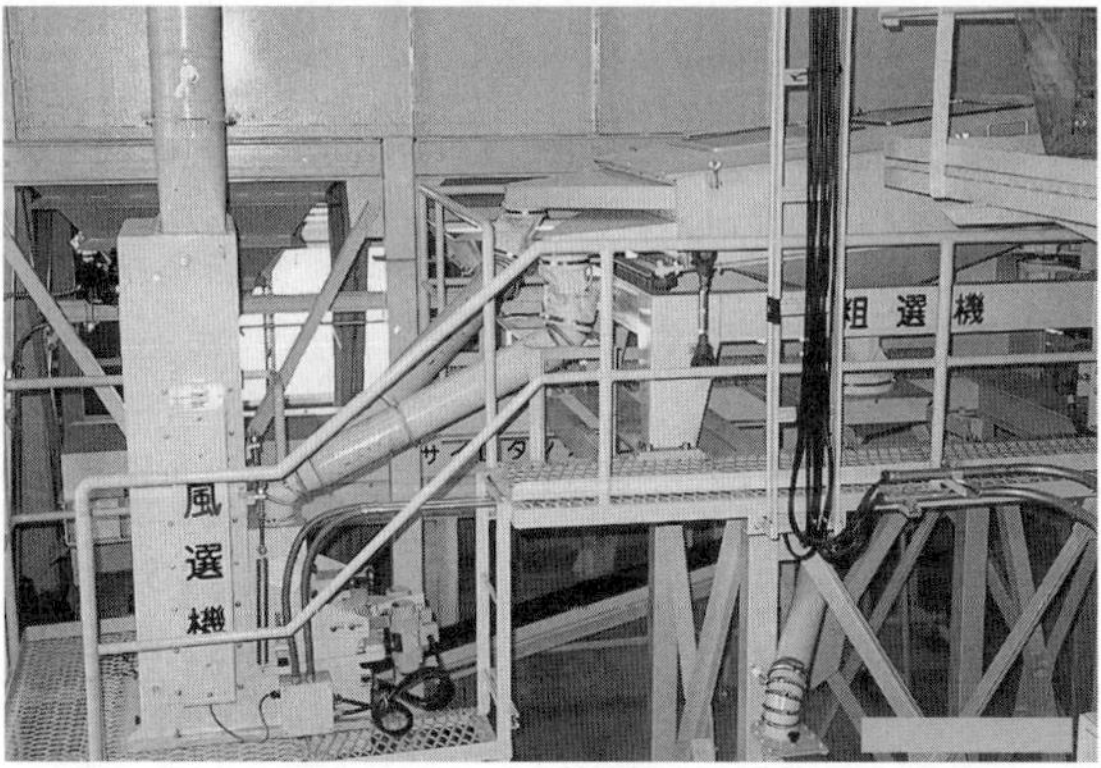

写真３－１　粗選機・風選機

写真３－２　粒形選別機

原料大豆は、粗選機や風選機（写真３―１）・石抜機・研磨機・粗形選別機や粒形選別機（写真３―２）・色彩選別機・金属検出機などを経て、金属・石・異物も完全に除去され、各工場の品質基準に従って粒形が整えられる。その後、チャージタンクに移送され、生産に備えられる。

納豆用大豆の粒形選別は、次の４種に分類される。

・大粒大豆……直径７・９㎜以上
・中粒大豆……直径７・３㎜以上
・小粒大豆……直径５・５㎜以上
・極小粒大豆…直径４・９㎜以上

(2) 洗豆・浸漬工程

精選され、チャージタンクに保管された大豆は、計量され、水で洗浄され、浸漬槽に移送される。

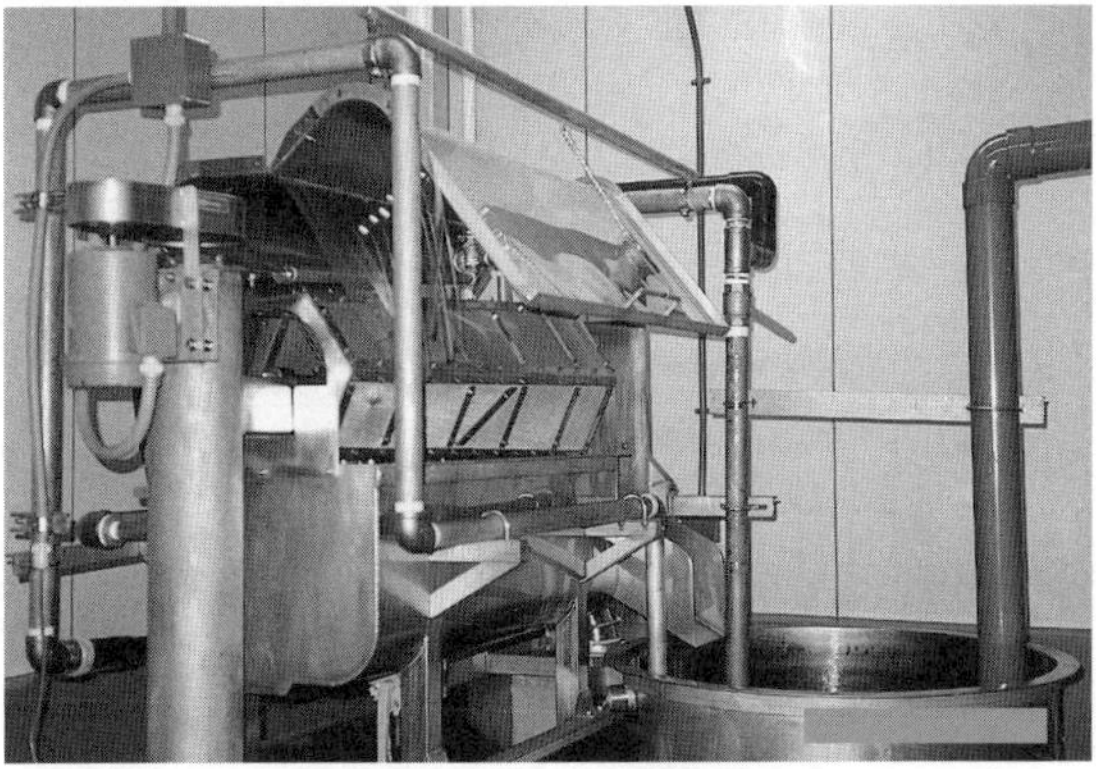

写真３－３　豆洗機

① 豆　洗

大豆洗浄機は主にスクリュー式で、大豆表面の付着物を水に溶出させたり、石や金属など重い異物を水底に沈ませたりして、軽い異物は、オーバーフローで除去する（写真3－3）。このように水中での物理的なもみ洗いと、清水でのすすぎ洗いとを交え、原料大豆は付着物と土壌微生物がきれいに洗い落とされる。細菌数は大豆1g当たり210（102／g）くらいの状態になって水中ポンプで搬送され、水分離器から浸漬槽に投入される。

② 浸　漬

浸漬は通常2俵（60kg×2）程度のバッチ式タンクで行われる（写真3－4）。大工場では生産量の増大にともない、個々の浸漬槽が2～3トンと大型になっている。

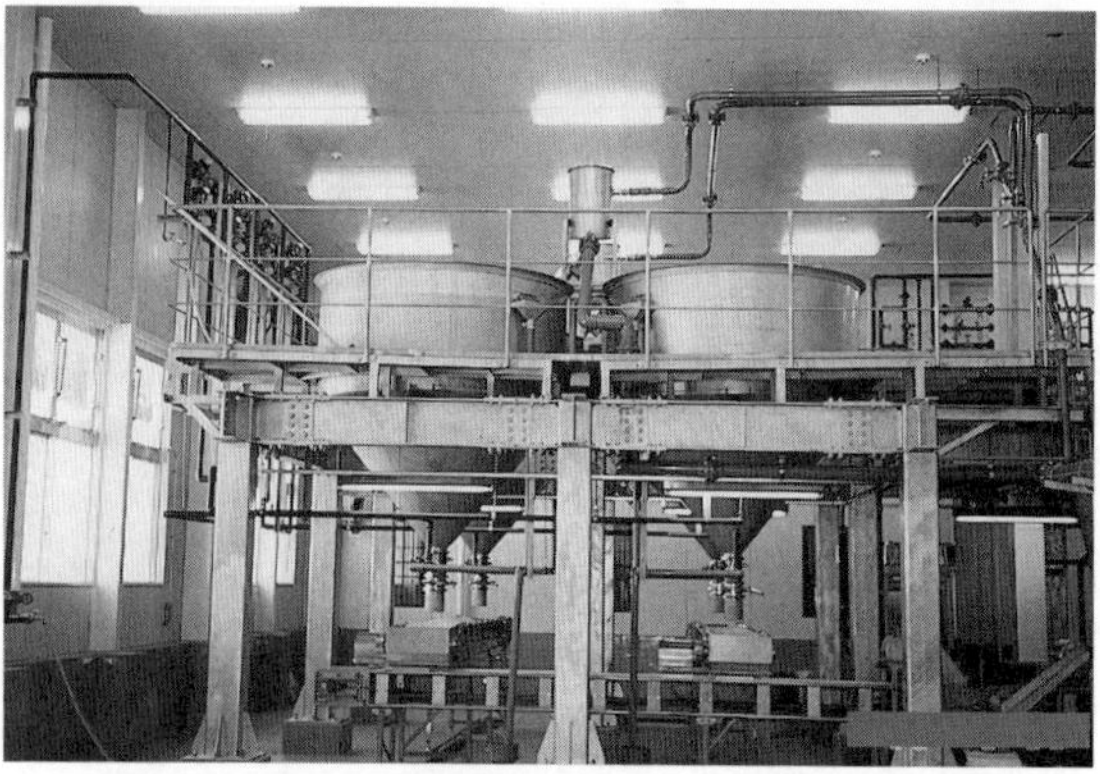

写真3－4　開放式浸漬槽　密閉式浸漬槽

この工程での問題点は、浸漬中に水温上昇による土壌微生物の繁殖によって大豆の成分が失われること、また、乳酸菌等が繁殖すると、生成した乳酸により、納豆菌の繁殖阻害が起こることの2点である。

そこで、浸漬中の微生物の繁殖を抑制するために低温での浸漬が行われる。浸漬用水はチラー(chilling unit：水冷却装置)によって10℃の低温管理の下、およそ18時間で衛生的に浸漬が完了する。従来大豆の浸漬時間は、大豆の種類や粒形、浸漬時の気温・水温によってそれぞれ対応する適正な浸漬時間を求めていたが、低温浸漬を行うことで、年間を通して一定時間の浸漬が行えるようになっている（写真3－5）。

浸漬終了後の大豆は、重量比で原料の約2・2～2・3倍となる。また、浸漬の終わった浸漬槽は、

写真3－5　浸漬槽給排水装置

ＣＩＰ洗浄（定置循環洗浄）が行われ、大豆の溶出成分や微生物などが洗浄除去されて、再び清潔な浸漬槽が準備される。

(3) 蒸煮および納豆菌接種工程

① 大豆の蒸煮

浸漬後の大豆は蒸煮される。蒸煮は納豆菌の繁殖発酵を援け、また、適度な硬度の咀嚼《そしゃく》と食感にするために行われる。納豆工業ではバッチ式の高圧蒸煮缶が使われており、通常、原料１２０～２４０kg容の大きさのものが使用されている（写真３―６）。

大豆の蒸煮は、

・蒸煮後の大豆の硬度や色沢
・次の発酵工程における納豆菌の繁殖発酵
・でき上がりの納豆の硬度や色沢

写真３－６　バッチ式蒸煮缶

などに影響を及ぼす重要な工程であり、繊細な管理が必要とされる。

従来は人手で管理されていたが、現在では自動制御装置が装備され、蒸煮の均一化や、熱くなりがちな蒸煮環境の改善などに役立っている。

蒸煮作業は蒸煮缶への浸漬大豆投入後、

蒸気吹込み → 蒸気吹抜け → 達圧 → 圧力保持 → 脱圧

の順序で行われるが、原料大豆の種類によって、適当な蒸気圧力と処理工程の時間が設定される。蒸煮作業には1回約1・5時間を要する。作業は、通常バッチ式高圧蒸煮法で行われているが、有効成分の損失は多大である。しかし、流失する煮汁の回収や再利用を行うには相当な経費が必要となるため、現状では煮汁を廃棄しているが、この排水処理の経費が莫大なものとなっている。

② バッチ式高圧蒸煮法

さらに、バッチ式高圧蒸煮法では、次の充填工程で、充填機の処理能力による制限を受け、煮豆の処理に時間差が生ずる。そのため、蒸煮直後の煮豆と時間経過後の煮豆とでは物性が変わってしまう。充填処理にあまり時間をかけると、次第に豆の表面に粘性が生じ、充填精度や発酵の均一性などに影響を与えることになる。そのため連続蒸煮缶の採用が期待されていたが、納豆工場では蒸煮大豆排出時の大豆に損傷を与えるため採用されていない。今後は煮汁を出さない、豆を傷めない蒸煮法の確立が要望される。

③ 納豆菌接種

蒸煮終了後の大豆は、煮豆搬送車に移され、盛込充填機に連結する煮豆シューター上の納豆菌接種装置により、納豆菌の希釈菌液がミスト状で均一に噴霧接種される（写真3—7）。

⑷ 充填工程

納豆は蒸煮大豆に納豆菌を接種して、これを最終商品形態の容器に充填し、容器内で発酵させて製品とする特殊な製造法がとられている。

煮豆の充填方法は、まず、納豆菌接種後の煮豆を充填機のホッパーに投入する（写真3—8）。これをバイブレーションフィダーで計量部に供給し、計量部の上下シャッターの開閉により定量充填を行う方式である。現在では、この自動充填機の開発によって、PSP（ポリスチレンペーパー）製の一辺100㎜、高さ25㎜の大きさの角容器や、直径70㎜高さ50㎜の紙カップなどに50g～30gを1分間に120個程度充填することができる。専用の高速充填機では、1分間200個程度の能力

写真3－7　バッチ式蒸煮缶および接種装置と煮豆搬送車

写真3－8　充填室および自動充填機

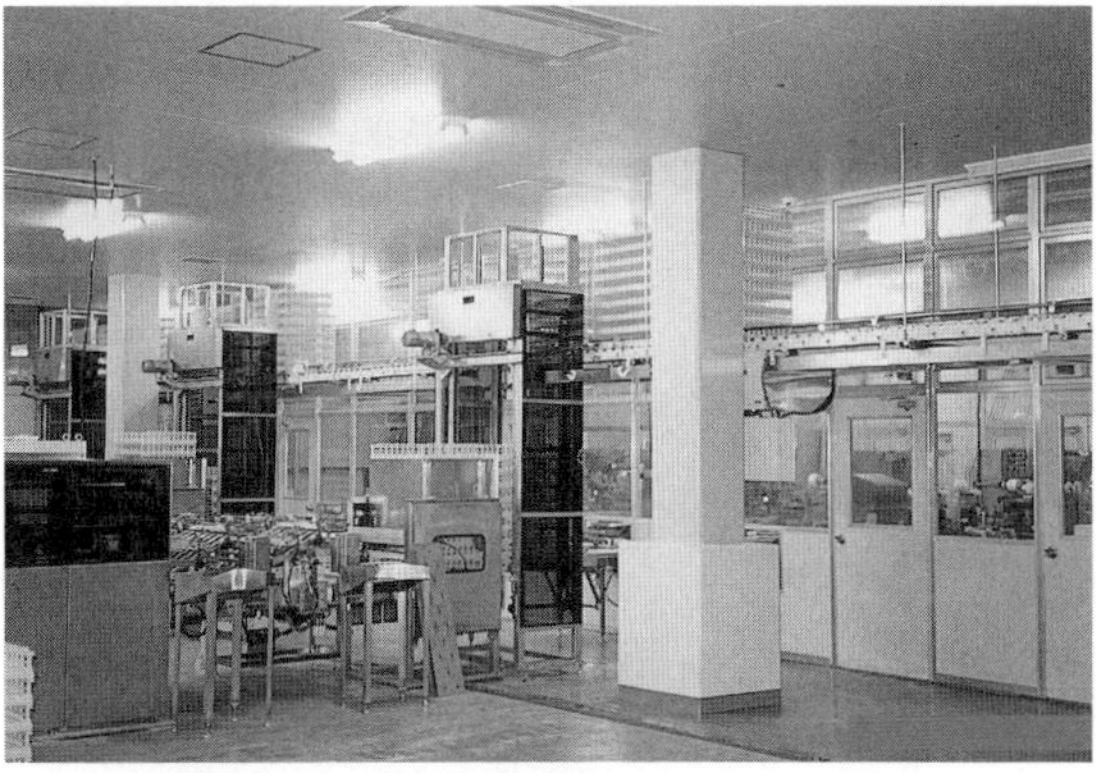

写真3－9　充填室とオートケーサー

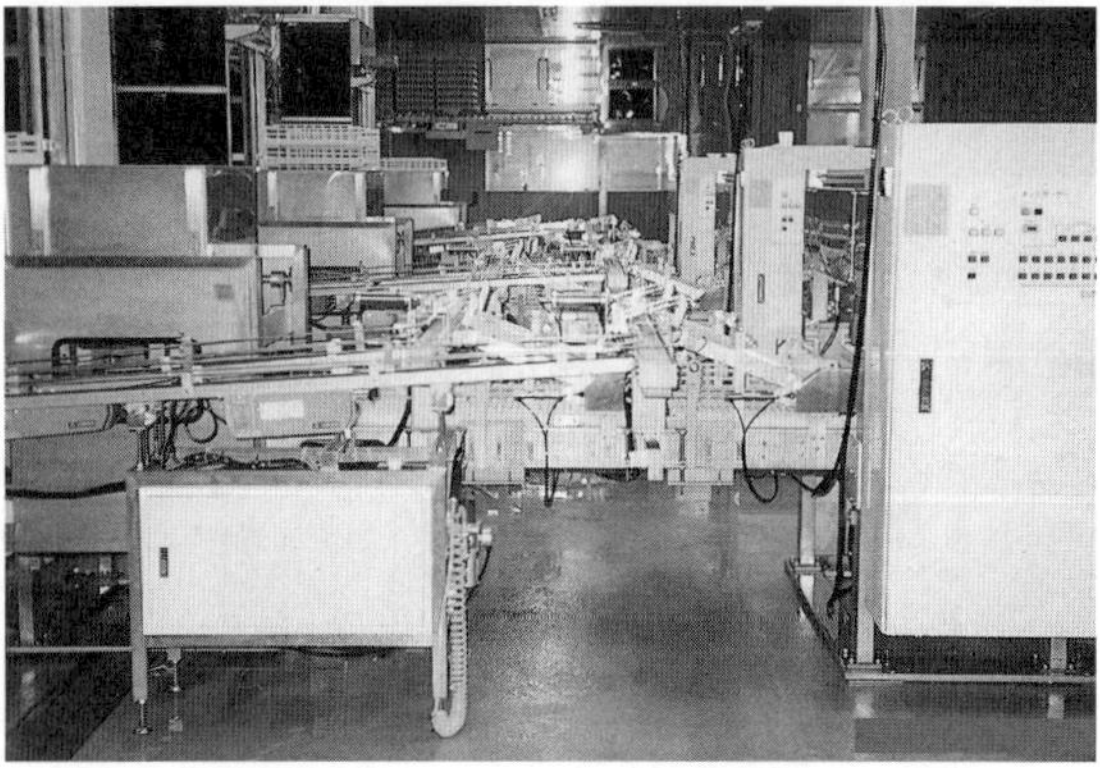

写真３－10　オートケーサー

写真３－11　コンテナ自動搬送車

を持つものもある。

自動充填ラインの角容器工程は、容器供給機に始まり、煮豆の定量充填、被膜かけ、たれ・カラシの投入機を経て上蓋がかけられる。丸カップ容器では、充填後被膜かけ、たれ・カラシ投入およびトップシールがなされる。この後、重量検知機や金属検出機を通過させ、不適格品は排除される（写真3―9）。

充填された容器は、コンテナストックヤードから供給されてくる通風性の良い樹脂製のコンテナに配列される。コンテナへの箱詰作業はオートケーサー（写真3―10）によって、充填機と同じスピードで処理され、台車に積み上げられ、発酵室に搬送される（写真3―11）。

(5) 発酵工程

① 発酵の特徴

最終商品形態の容器に充填した製品はコンテナに詰められ、台車に搭載され、発酵室内に間隔をもって並べられ、発酵が開始される。この工程は全製造工程中でもっとも重要な工程である。誘導期8時間、対数期4時間、定常期4時間※を経過した後、6～8時間の熟成と冷却を続け、明朝には一応製品の形が整えられる。

納豆の発酵の特徴は短期熟成型であることで、わずか16～24時間でその品質が決定する。発酵の要諦は、前半に納豆菌を充分に繁殖させ、後半は、納豆菌酵素による粘質物生成と熟成作用を充分に行わせることにある。

※誘導期・対数期・定常期
・誘導期……納豆菌の繁殖適温環境をつくり繁殖を促す
・対数期……納豆菌の増殖が次第に旺盛となり、発酵熱の発生が最大となる
・定常期……通常は培地の栄養が涸渇し、微生物の繁殖の停止した時期をさすのであるが、納豆の発酵では、納豆菌の酵素活性が盛んとなり、粘質物生成が旺盛となる時期を指す

② 発酵室

発酵室は、給温・冷却・加湿・除湿・給気・排気などの機能を備え、制御方法も室温、品温、湿度、さらに代謝ガスによる制御方法等も加えられている。また、誘導期・対数期・定常期のパターンを調整する一次冷却と、納豆菌の活動を抑制し、熟成を計る二次冷却に、冷凍機が重要な機能を発揮している。

現在使われている発酵室は断熱構造のＦＲＰ製

写真３－12　自動納豆発酵室

発酵室で、四方吹出型の空調機が天井中心に設置され、装備されたヒーターおよび冷凍機からの冷媒配管による給温・冷却機能のほか、加湿装置、空気の給排気装置および室温、品温、室内湿度センサーなどを備え、発酵室前面または中央監視室のコンピューター式自動制御盤により発酵の全工程を段階的に制御できる機能をもっている（写真3－12）。内部空調は乱流方式であるが、空調機のファンを給温時には正転、冷却時には逆転させるなどして、室内温湿度を平均化させている。

納豆の均一生産を求めるため、納豆発酵室は種々の型式の開発が試みられている。

その一つは水平層流式発酵室であり、対数期以降、製品コンテナ中にこもる発酵熱を上下各層において分散させて平均化する方式や、冷蔵機の冷媒による冷却コントロールの欠点を解消するため

写真3－13　一次冷蔵庫

写真３－14　包装室とカップ包装ライン

写真３－15　コンテナ搬送コンベヤー

写真３－16　コンテナストックヤード

写真３－17　納豆工場外観

写真３－18　工場からの出荷

の冷却塔（クーリングタワー）による室温に近い柔らかな冷却方法によって室温の平均化を求め、省エネにも貢献する方式などの開発が進んでいる。

(6) 一次冷蔵

納豆工場の冷蔵庫は、納豆菌の再繁殖を抑え、脱アミノ反応によるアンモニアの発生を防止することはもちろん、低温での熟成を計り、品質を安定させる重要な役目を果たしている。

昔は冷凍機がなかったので、発酵後は室温に放冷したが、現在は５℃以下の冷蔵庫の中で冷却を続け、次の包装工程で品温が上昇して脱アミノ反応を起こさぬよう充分に冷却される（写真３―13）。

(7) 二次包装および二次冷蔵出荷準備

一次冷蔵庫（庫内温度3℃）内で冷却し熟成を続けた製品は、コンテナから取り出され、いろいろな形態の二次包装（一次包装は充填工程）が行われ、商品化される（写真3—14、写真3—15、写真3—16）。

包装形態は、主として、PSP容器では2～3段重ね、カップ容器では3個のシュリンク包装が主流で、賞味期限や価格等が印字される。製品は、段ボールに詰められ、二次冷蔵庫（庫内温度0℃）で貯蔵出荷準備が行われている（写真3—17、写真3—18）。

2 流通・販売経路

納豆の流通は、1960年代になると冷凍機の急速な普及により、流通販売においても品質の安定化を見せ始めた。チルド保蔵の冷蔵庫や、リーチインのショーケースで販売できる近代化された店舗が出現し、次第に総合スーパー、食品スーパー、コンビニエンスストア、生協、デパート等への直接納入が主流となった。現在では、低温設備の整った大規模小売業で扱われ、量販店の占める納豆の流通シェアは80％以上にも達している。

冷凍品で販売する、海外向けの商品や寿司店、料理店向けの業務用納豆は、商社や卸業者を経由している。

(1) 工場出荷

工場内一次冷蔵庫で冷却された製品は包装工程で商品の形に整えられる。その後、賞味期限が印字されて段ボール箱に詰められ、二次冷蔵庫内でさらに冷却し出荷体勢がとられる。

賞味期限は、各メーカーが自主的に品質検査や官能検査を行い、期間を決定するもので、通常は製造日を含め9日程度となっている。

客先・流通業者からのオーダーは、納入日の前々日または前日に行われるが、オーダーを受けてから納入までの時間は9~19時間で、この時間内に包装し、0℃の二次冷蔵庫に保管、出荷準備がなされる。この時点で、品温10℃以上のものは流通途上の温度上昇による品質劣化防止のため出荷されない。

製品の搬送は、車内温度マイナス5~マイナス10℃の冷蔵庫で行われ、流通業者の配送センターに持ち込まれる。以降は業者側のピッキングによって、各小売店やスーパーのバックヤードに持ち込まれ、10時の開店までに店頭に並べられる。

(2) 店頭販売

各小売店のリーチインの冷蔵庫に陳列されることになるが、ここで10℃以上になることもありえるので、購入後は迅速に家庭冷蔵庫に収容されることが望まれる。

3 保 蔵

普通の納豆は、冷蔵・チルドの領域で管理され、納豆菌が活動しない、品温10℃以下で流通されている。近年では販路が全国に広がり、広域流通を行う必要がある。

大手納豆業者は、消費者に新鮮な商品を供給するよう全国的に出荷拠点を確保したり、また、出荷時0℃以下で出荷したりしている例もある。ただし、発酵工程中、急速な二次冷却を行うと、納豆の水分が凝縮し結露が起きて、流通時容器内で凝縮水が納豆菌を溶菌し、アンモニア発生を引き起こすので充分な注意が必要である。

容器中の水分を減少させるには、発酵終了後1〜2時間ほど発酵室外の放冷室に全製品を搬出し、放熱と発酵代謝ガスを除去する工程のあることが良い効果をもたらす。気化熱が納豆表面の水分を少なくし、味を濃縮させるとともに日持ちの良い納豆になる。

海外向けの輸出は冷凍品である。冷凍期間が長い場合には乾燥を起こすので、水分が飛ばないよう荷積みされたダンボールを、ビニールフィルムで包む必要がある。

冷却と密封が保持されれば、かなりの長時間、品質はあまり変わりない。業務用納豆はビニール包装の冷凍品なので、保蔵に問題はない。

4 表　示

(1) 納豆の品質表示基準

2006(平成18)年10月に農林水産省より「豆腐・納豆の原料原産地表示ガイドライン」が取りまとめられ、納豆の原料大豆原産地表示を自主的に行うための指針が示されている。

本ガイドラインは、豆腐・納豆業者等が自主的に原産地表示を行うためのものであり、義務化されているものではない。しかし、原料大豆が原産地表示されることで、消費者の商品への信頼が確保されるものとして推奨されている。

対象品目は、「容器に入れ又は包装された納豆」の大豆である。原産地として、国産大豆使用の場合は「国産」または「日本」、外国産大豆使用の場合は「原産国名」を記載する。ただし、国産大豆については、都道府県名や一般に知られている地名等の記載も可能となっている。

複数の国の原材料を使用している場合は、重量割合の多い順に原産国を表示し、3か国以上の原材料を使用している場合は、重量割合で3か国目以降を「その他」として表示することができる。

その他、詳しい内容については、全国納豆協同組合連合会のホームページ(原料大豆原産地表示)を確認すると良い。

(2) 遺伝子組換え食品の表示義務

わが国では、遺伝子組換え食品は、厳正な科学的評価により安全性について問題がないとされたもののみ、食品衛生法の規定に基づき食品として流通が認められている。遺伝子組換え食品の表示については、食品衛生法の改正により2001(平成13)年4月から表示が義務づけられている。

現在、食品表示法により「遺伝子組換え」や「遺伝子組換え不分別」との表示の義務づけや、「遺伝子組換えでない」との任意表示が規定されている。

遺伝子組換え義務表示対象農産物は8作物で、その一つが大豆である。大豆の加工品である納豆も遺伝子組換え食品の表示義務を負う。

① 表示義務のあるもの

原料大豆に遺伝子組換え農産物を区別して使っている場合、「大豆(遺伝子組換え)」などと表示する(分別生産流通管理が必要)。

遺伝子組換え農産物と非遺伝子組換え農産物を区別しない(不分別)で使っている場合、「大豆(遺伝子組換え不分別)」などと表示する。

組成、栄養価等が従来のものと著しく異なるものを原料とした加工食品の場合、「大豆（高オレイン酸遺伝子組換え）」などと表示する（分別生産流通管理が必要）。

②任意表示のもの

遺伝子組換えでない農産物を区別して使っている場合、「大豆（遺伝子組換えでない）」「大豆（遺伝子組換えでないものを分別）」などと表示できる（分別生産流通管理が必要）。

しかし、適切に分別生産流通管理を実施していてもコンタミのリスクはあり、遺伝子組換え農産物混入を完全なゼロにすることはきわめて困難と考えられる。分析機関による調査で、たとえわずかでも混入が認められれば表示違反となり、消費者の信頼を失うことになりかねない。このため、納豆連では「遺伝子組換えでない」という表示をあえて推奨していない。

なお、従来の遺伝子組換え表示制度では、分別生産流通管理をして意図せざる混入が5％以下であるならば「遺伝子組換えではない」旨の表示が可能であったが、２０２３年の改正により、５％以下であっても混入の可能性があるものは「分別生産流通管理済み」等の表示の仕方に変更される。

第4章 納豆製造技術の基礎知識

1 納豆発酵の基礎知識

(1) 納豆発酵の特殊性

日本の温暖で湿度の高い気候条件は微生物の繁殖に適しており、昔から微生物を利用した発酵食品が数多くみられる。代表的な伝統発酵食品には、日本酒・焼酎・味噌・醤油・食酢・納豆・漬物などがあり、海産物ではカツオ節・塩辛などが知られている。

これらの伝統食品に利用される微生物は、日本酒・焼酎では、でん粉分解力の強い麹菌とアルコール発酵の酵母菌、味噌・醤油ではタンパク質分解力の強い麹菌と酵母や乳酸菌類である。食酢の製造に用いられる微生物は多数あるが、基本的には麹菌での糖化と、酵母のアルコール発酵と酢酸菌による酢酸発酵を合わせ、食酢を製造する。カツオ節にはカビが利用されている。

このように日本の発酵食品には麹菌や酵母菌、乳酸菌、酢酸菌などが複合的に関与し、製造期間も酒類で1カ月以上、調味食品の味噌・醤油では1～2年の長丁場で生産されている。

このなかにあって納豆のみ、枯草菌の一種で納豆菌というバクテリアによる発酵食品である。大豆の煮豆の表面に納豆菌が繁殖し、主に納豆菌の生産するタンパク質分解酵素により、大豆のタンパク質がアミノ酸にまで分解され、独特の粘質物と風味が生産される。しかも、この納豆の発酵は非常に短時間内に行われ、納豆が形成するまでには発酵開始後18～20時間、熟成期間を含めても3日とかからない。味噌や醤油などの長期熟成型に対し、短期熟成型の発酵食品である。

(2) 良い納豆とは

① 納豆の粘り

良い納豆の一番の特徴はネバネバであり、この粘質物こそが納豆のおいしさのポイントである。

納豆菌は枯草菌の一種であると前置きしたが、枯草菌類は粘質物を生産せず、納豆菌のみが生産し、おいしさを決める大きな要素となっている。試しに、納豆からこの粘質物を拭い去るか、あるいは水洗いして取り除き、残った納豆を食べても納豆本来のおいしさは感じられない。

この粘質物の化学成分はグルタミン酸ポリペプチドとフルクタン（フルクトース・果糖がつながった多糖類）の混合物であり、納豆のうま味の主成分として知られている。このネバネバを箸でかきまわして引っ張ると細い糸を5～6mくらいまで伸ばすことができる。まさに糸引き納豆といわれるゆえんである。

納豆に小粒大豆が好まれる理由も、大粒にくらべ、重量に対する表面積の割合が大きいため、納豆菌が繁殖発酵しやすく、おいしさのもとである粘質物がたくさん生成されるところにある。

② 納豆の味と香り

納豆の味は淡泊なものであるが、グルタミン酸がうま味の主役であり、その他の遊離アミノ酸も苦味や渋味を添える。これとともに発酵によって生産させるコハク酸や、大豆由来の酢酸、乳酸などの有機酸が複合して飽きのこない味を形成している。

納豆特有の香味成分としてはイソバレリアン酸、ジアセチル、テトラメチルピラジン等があるが、良い原料で良い発酵が行われた製品は、甘みのある快い芳香を添えることができる。

このように納豆のおいしさは、納豆菌の繁殖と発酵により、大豆タンパク質や炭水化物などが分解されて形成される。タンパク質はアミノ酸に分解され、炭水化物によって有機酸類や香気成分などが形成され、納豆の味と香りがつくられるのである。

③ 低温保存の重要性

発酵終了後は一次冷蔵庫内の低温でゆっくりと熟成されるが、それ以降の包装工程や、あるいは二次冷蔵庫・保冷車など流通過程で納豆の品温が上昇することがある。20℃以上になると再び納豆菌の繁殖が始まり、炭水化物は消耗され尽くしてしまう。すると、納豆菌が炭素源をアミノ酸に求めるようになるので脱アミノ反応が起こり、アンモニアが発生することになる。

保存温度を上げてしまうと一日で過熱となり、食べられないほどアンモニアが発生してしまう。これが、納豆が嫌われる原因で、おいしく食べるには低温保存で管理熟成されることがもっとも大切である。

(3) 良い納豆作りに必要なもの

納豆の原料は大豆と水と納豆菌である。このうち水は飲料に適した水であれば良い。現在販売されている納豆菌は代表的なもので、古くから採取・選択・育種が十分に行われているので、これを衛生的に使えばよい。

① 大豆の選定

大豆の選定はいちばん重要な事項である。納豆用原料大豆は、大豆成分が発酵のカギとなり、納豆のうま味を左右する。大豆本来のうま味が最終製品にまで残るので、煮豆にしてもうまいものを選ぶことが大切である。化学成分としては、糖質の多いものが良い。

この理由は、納豆菌の発酵に関与する大豆の成分比率にある。大豆の成分を大雑把に分けるとタンパク質40%、炭水化物20%、油脂が20%の比率となるが、油脂は発酵にあまり関係がない。問題となるのは炭水化物である。これは、納豆菌繁殖のエネルギー源として消費されるが、成分比率が少ないため、一日の発酵で大部分が消耗され尽くしてしまう。繁殖温度を持続すると炭素源が不足し遊離アミノ酸が炭素源として消費されるため、脱アミノ反応が起こり、アンモニアが発生することになる。

発酵工程における温度制御も重要であるが、糖質の多い原料大豆を選定することで良い発酵が得られ、納豆にうま味が残ることになる。

② 大豆の保管

原料の選定ができたら、次は収穫時の品質を年間保持して、均一な製品を生産できるよう保管する。とくに挽き割り、二ツ割などの表皮を除去した原料では、常温では一週間くらいで変性してしまうので保管には充分な注意が必要である。また、6月から10月までは気温の影響による成分変性を避けるため、室温15℃・湿度60%の低温倉庫での保管が必要となる。

納豆生産は原料大豆の性格そのものが製品に反映し、ほかの発酵製品のように不足分を補填する原料調整を行うことができない。良い原料を選択し、変性させないよう保存することがもっとも重要である。

③ 発酵工程

大事に保存された原料大豆は、製造工程の洗浄・浸漬・蒸煮・納豆菌接種・充填・発酵・一次冷蔵・包装・二次冷蔵を経て製品となる。

各工程ともそれぞれ重要な部分ではあるが、すべては発酵工程によって、総括される。この発酵は短時間に行われるので、周到な計画をもって発酵を誘導し完結させねば、良い製品を得ることができない。

以上のように、良い製品づくりには、原料大豆の選択と保管、そして発酵が重要なカギとなる。

2 大豆の特性と発酵の原理

(1) 大豆の構造と納豆菌栄養源

納豆は大豆の煮豆（昔は水で煮たり、無圧のせいろで蒸したりしていたが、現在は圧力蒸煮が一般的であるため、以降「蒸煮大豆」という）に納豆菌が繁殖・発酵したものであり、蒸煮大豆が藁《わら》苞《つと》に包まれ、温度条件さえ満たされれば、いつでも納豆になるチャンスがある。

納豆の母体となる大豆は、図表4―1のような構造をしている。

大豆種子の外観と種子の内部構造について説明を加えると、へそ（臍）の色は、白・茶・褐・黒などで、内部（子葉）は黄または若緑色の品種があり、形は、ほぼ球形か楕円球状をしている。

種皮は強靱な組織からなり、貯蔵や運搬中の水分の蒸散の調節や、外部からの障害を防御する。種皮には凹みがあり、土壌中の微生物や汚れが入っており、洗浄で除去しにくく、浸漬中に微生物増殖の原因となる。

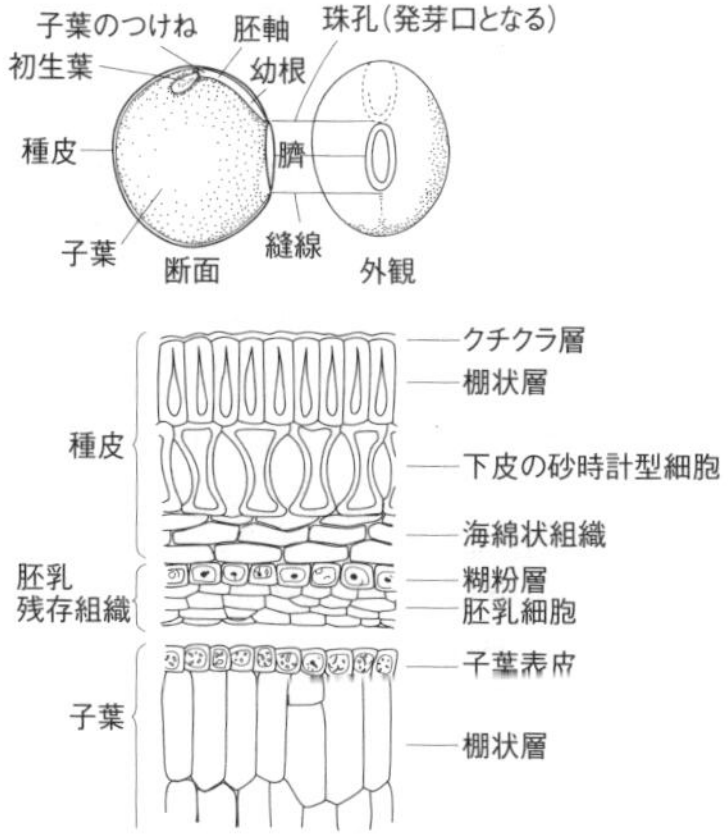

出典：星川清親（食用作物）
資料：渡辺杉夫著「食品加工シリーズ５納豆」㈳農山漁村文化協会）より転載

図表４－１
大豆種子の外観と内部構造

種皮下の子葉組織にはたくさんの子葉細胞があり、貯蔵タンパク質を貯蔵するタンパク質粒（プロティンボディ）と中性油を貯蓄する脂肪顆粒（リピッドボディ）がほとんどの部分を占めている。

炭水化物のうち可溶性糖類は、タンパク顆粒と脂肪顆粒の間の細胞質部分に溶けて存在し、繊維質（セルロース・ヘミセロース・リグニン）は種皮の細胞壁に存在する。

大豆は種皮表面に付着した納豆菌を充分に繁殖させる栄養源を豊富に持ち合わせており（図表４―２）、納豆菌の繁殖と発酵を受けて、世界的にも稀な栄養と機能性豊かな健康食品に変貌するのである。

しかし、それにはまず、納豆菌が大豆成分を吸収しやすい状態にならなければならない。そのために、大豆を良く洗浄し、充分に水で浸漬し、吸水

図表４－２　大豆中の納豆菌栄養源

炭素源（納豆菌のエネルギー源）	大豆中の炭水化物		大豆乾物中%	
	可溶性糖分	蔗糖 スタキオース	5.90 3.52	初期、中期のエネルギー源
	不溶性糖分	アラバン ガラクタン 粗繊維	3.80 4.62 3.86	セルラーゼ、ヘミセルラーゼなどにより可溶性糖に変わり後期の栄養源となる
	計		21.70%	
窒素源（納豆菌の菌体タンパク質の合成に必要）	大豆中の窒素化合物の種類		大豆乾物中%	
	低分子窒素化　合　物	アンモニア アミノ酸 ペプタイド	微量 微量 微量	初期の窒素源
	タンパク質		30～35%	プロテアーゼによりアミノ酸に分解され，中・後期の窒素源となる
	計		30～35%	
微量成分	ビオチン、ミネラル		大豆中に十分存在する	

図表４－３　納豆用大豆の品質基準

項　目	基　準	備　考
種皮色	黄	ただし、地域により消費者の好みに違いがある
臍色	黄～褐	臍色が黒いとだめ
粒形	球	
粒大（直径）	小粒 （6mm程度）	2分2厘の篩
100粒重	15.0～12.0g	
吸水率	130%以上	ダイズ100gに400mlの水を加え20℃15時間浸漬した後、吸水ダイズの重量を計り230g以上
溶出固形分	1.0%以内	浸漬終了液を蒸発乾固、古品や発芽力のないものは多い
煮豆の硬さ	250g以下	1kg/cm²（120℃）30分、加圧蒸煮した煮豆を上皿自動秤の上で指で圧し、つぶれたときの目方の指示を読む。20粒以上の平均
水分	12.0～10.0%	
脂肪	20.0%以下	
タンパク質	－	とくに規定しない
炭水化物	32.0%以上	
全糖	20.0%以上	2.5%HCl、2時間加水分解で生ずる還元糖
灰分	－	とくに規定しない

資料：砂田ら、1977

させ、蒸煮し大豆成分を熱変性させ、納豆菌酵素による分解を受けやすい形に準備するのである。

(2) 納豆用原料大豆の選定と品質基準

納豆の原料大豆は、次のような性格をもったものが良いとされる。また、納豆用大豆適性品改良研究会がまとめた納豆用大豆の品質基準（図表４―３）も参考にされたい。

① 粒形は小さいほど良い

小粒や極小粒が好まれる理由は、納豆のうま味の主因となる粘質物の生成量と口当たりの良さに関係がある。粒が小さくなるほど、単位重量当たりの表面積が大きく粘質物生成量も多い。小粒ほど納豆菌酵素が大豆に浸透するのも速い。

中粒・大粒となるほど、納豆菌酵素の中心部に浸透するのに時間がかかり、表面は納豆であるが、内部は煮豆の状態である。

ただし、地域により、微妙な大豆本来の煮豆の味が喜ばれ、中・大粒を好むところもあるので、消費者の嗜好《しこう》本位で自由に選択されると良い。

② 浸漬時の吸水力が大きく、保水力のあるもの

吸水力は、炭水化物、とくに多糖類の含量に関係している。水分量の多い大豆は煮えやすく、煮豆は弾力があって柔らかくなる。

しかし、カルシウム含量の高い大豆は、カルシウムが子葉の細胞膜や種皮の繊維組織の結合を高めるため難溶性となり、煮豆が硬くなる。

③ 浸漬水への溶出固形分が少ないもの

浸漬中の成分溶出は、大豆保管中の水溶性物質の増加や、細胞膜の透過性、発芽率の低下など大豆の鮮度に関係して増加する。溶出成分は、水溶性窒素化合物、糖分、無機質などの納豆菌の繁殖

に必要なものが多く、菌の生育や風味の低下に関係する。

④煮豆の口当たりが良く、甘みがあり味の良いもの

納豆独特の風味をつくり出す納豆菌の増殖や粘質物生産も、大豆糖分のショ糖や水溶性窒素化合物のアミノ酸含量との関係が深い。納豆菌は糖やアミノ酸から生活エネルギーを得て、菌体成分をつくり繁殖する。

⑤味の良い納豆になるもの

良い原料大豆を選定するには、大豆を納豆にし、官能試験によって風味の良い大豆を選択する方法が一番良い。

納豆の粘質物はグルタミン酸のポリペプチドとフルクタンから構成される。また、納豆の風味は、納豆菌の酵素によって生産される遊離アミノ酸や、糖およびアミノ酸からできる有機酸類やジアセチルのような芳香成分などによってつくりだされるのだが、これらの化学成分は良い風味を特定するにはいたらない。なによりも官能試験が重要である。

⑥納豆になって日持ちが良いもの

納豆は1g当たり10億近い納豆菌が繁殖する。納豆の発酵初期には増殖エネルギー源として糖が盛んに消費されるが、糖がなくなると、炭素源をアミノ酸に求めるようになる。そのため、脱アミノ反応が始まり、アンモニアが発生する。冷蔵することで防止できるが、原料大豆の炭水化物含有量が多く、表面積の少ない大粒大豆を使った納豆ほど、アンモニア臭の発生は遅れる。

(3) 大豆品種と加工適性一覧（国産）

大豆品種の用途別分類（図表4―4）ならびに地域別栽培品種および粒形一覧（図表4―5）は、納豆用国産大豆検索のため5種の文献※を参考にして作成した。

従来、納豆用大豆として奨励されているものはわずかな品種となるが、図表4―4には、1986年1～2月に行われた納豆製造業者を対象とする国産大豆使用状況のヒアリング調査にあげられた銘柄を加えた。また、煮豆と味噌用大豆を併記したのは、大豆原料と同様に遊離型全糖含量が高く、豆腐用として栽培されている品種よりも納豆用として使える可能性が高いため、この中から選択・対象とされることを目的とした。

今後、関係機関で育成された納豆用小粒大豆が奨励品種に入ると考えられるが、中粒・大粒とも特性を生かし、地域性を生かした納豆づくりが行われることを期待したい。

※納豆用国産大豆検索のための5種の文献：農林水産省「国産大豆品種の事典」（1998年）、同「大豆に関する資料」（1999年）、財団法人食品産業センター「国産大豆利用促進支援事業報告書」（1999年）、平春枝「納豆・煮豆大豆の品質評価法」（「食糧」30：153～168〈1992年〉）、社団法人全国農業改良普及協会「国産大豆の品質と生産者および産地への希望、中山間地域の農業と豆類振興」（1995年）

3 納豆菌の特性

(1) 納豆菌の形態と諸性質

販売されている納豆菌は、昔から納豆づくりの盛んな地方のおいしい納豆で、稲藁や土壌から納豆菌を分離・培養されたものであったが、現在は、

	味噌		豆腐	
振.2008	平.1995	振.2008	平.1995	振.2008
タチナガハ	トヨスズ	タマホマレ	ライゲン	タチナガハ
ミヤギシロメ	スズユタカ	ハヤヒカリ	シロセンナリ	スズユタカ
エンレイ	シロセンナリ	エンレイ		オクシロメ
トヨムスメ	タマホマレ	オオツル	オクシロメ	ナンブシロメ
ツルムスメ	エンレイ	ギンレイ	ナンブシロメ	タマホマレ
リュウホウ	トヨムスメ		エンレイ	エンレイ
おおすず	トヨコマチ	最近の品種	アキシロメ	アキシロメ
カリユタカ	フクナガハ	オオツル	フクユタカ	タチユタカ
	ミスズダイズ	ギンレイ	ミヤギオオジロ	トヨムスメ
最近の品種	キタムスメ	さやなみ		オオツル
オオツル	ツルコガネ	あやこがね	アヤヒカリ	フクユタカ
トヨホマレ	ナカセンナリ	ユキホマレ	アキヨシ	むらゆたか
ハヤヒカリ	フクユタカ	すずこまち		
トヨマサリ		つぶほまれ		最近の品種
たまうらら		トヨハルカ		トモユタカ
ハタユタカ		ゆきぴりか		ツルムスメ
ユキホマレ		タママサリ		トヨホマレ
すずこまち				リュウホウ
つぶほまれ				ほうえん
クロダマル				ハヤヒカリ
トヨハルカ				おおすず
ゆきぴりか				すずこがね
タマフクラ				ハタユタカ
				あやこがね
				サチユタカ
				ふくいぶき
				つぶほまれ
				つやほまれ
				タチホマレ
◎いわいくろ				
◎大袖の舞				きよみどり 青丸くん

図表４－４　大豆品種の用途別分類

用途	納　豆			煮　豆	
出典	平.1992	平.1995	振.2008	平.1992	平.1995
黄	地塚 スズヒメ 秋田 タチナガハ トヨスズ スズユタカ ミヤギシロメ ライデン シロセンナリ つるの子 納豆小粒 大袖振 オクシロメ ナンブシロメ スズマル コスズ タマホマレ	スズヒメ 納豆小粒 スズマル コスズ エンレイ	納豆小粒 スズマル 鈴の音 最近の品種 ハヤヒカリ ユキホマレ すずこまち すずおとめ ユキシズカ すずかおり トヨハルカ ゆきぴりか すずろまん タマフクラ すずほのか	タチナガハ スズユタカ ミヤギシロメ タマホマレ エンレイ アキシロメ タチユタカ トヨムスメ トヨシロメ ユウヅル オオツル	トヨスズ ミヤギシロメ つるの子 タマホマレ トヨムスメ ユウヅル オオツル トヨコマチ 白鶴の子 ユウヒメ ツルムスメ フクナガハ 銀大豆 小倉大豆 ミスズダイズ
黒				中生光黒 雁食 丹波黒 新丹波黒	中生光黒 雁食 （丹波黒） 京都1号 トカチクロ
青					大袖の舞 くらかけ

注：出典の「振．2008」は農林水産省農産園芸局畑作振興課、2008の略。太字は農林水産省国産大豆品種の事典より抜粋（筆者作成）

(単位:mm)

煮豆			味噌	
極大粒	大粒	中粒	大粒	中粒
	7.9	7.3	7.9	7.3
いわいくろ	トヨムスメ		トヨムスメ	
ツルムスメ	ツルムスメ	ツルムスメ		
	ユウヅル	キタムスメ		キタムスメ
	中生光黒	中生光黒		
	トカチクロ	トカチクロ		
	大袖の舞			
	トヨホマレ	ユキホマレ		ユキホマレ
タマフクラ	トヨハルカ	トヨコマチ	トヨハルカ	トヨコマチ
音更大袖振	音更大袖振	ゆきぴりか		ゆきぴりか
大袖振○	大袖振○	大袖振○		
		ユキホマレ		ユキホマレ
				スズユタカ
	ミヤギシロメ	ミヤギシロメ		
	タチナガハ※	タチナガハ※		
秋試緑1号				
	タチユタカ	タチユタカ		
	タチナガハ	タチナガハ		
	タチナガハ	タチナガハ		
	ハタユタカ※			
	タチナガハ	タチナガハ		
オオツル	ハタユタカ	ハタユタカ		
	オオツル	オオツル	オオツル	オオツル

図表４－５　地域別栽培品種および粒形一覧

用途	納豆				
粒形	極大粒	大粒	中粒	小粒	極小粒
サイズ	8.5	7.9	7.3	5.5	4.9
北海道	つるの子	つるの子	つるの子○	スズヒメ	スズヒメ
				スズマル	スズマル
			秋田○		
			ハヤヒカリ		
			北見白		
			キタムスメ		
	音更大袖振	音更大袖振	音更大袖振		
	大袖振○	大袖振○	大袖振○		
			ユキホマレ	ユキシズカ	
		トヨハルカ			
			ゆきぴりか		
	タマフクラ				
青森			オクシロメ	オクシロメ	
岩手				コスズ※	コスズ※
				鈴の音	
		ナンブシロメ	ナンブシロメ	ナンブシロメ	
			ユキホマレ		
宮城		スズユタカ※	スズユタカ※	スズユタカ※	
		ミヤギシロメ	ミヤギシロメ	ミヤギシロメ	
		タチナガハ※	タチナガハ※	コスズ※	コスズ※
秋田		スズユタカ※	スズユタカ※	スズユタカ※	
				コスズ	コスズ
		タチユタカ	タチユタカ	タチユタカ	
		ライデン	ライデン	ライデン	
山形		スズユタカ※	スズユタカ※	スズユタカ※	
				コスズ	コスズ
		タチユタカ	タチユタカ	タチユタカ	
福島		スズユタカ	スズユタカ	スズユタカ	
				コスズ	コスズ
		タチナガハ	タチナガハ		
茨城				納豆小粒	納豆小粒
		タチナガハ	タチナガハ		
栃木		タチナガハ	タチナガハ		
群馬		タチナガハ	タチナガハ		
		オオツル	オオツル		

煮豆			味噌	
極大粒	大粒	中粒	大粒	中粒
	エンレイ	エンレイ	エンレイ	エンレイ
	タチナガハ	タチナガハ	タチナガハ	タチナガハ
	タチナガハ	タチナガハ		
	あやこがね	あやこがね	あやこがね	あやこがね
			タマホマレ	タマホマレ
オオツル	オオツル	オオツル		
	エンレイ	エンレイ	ナカセンナリ	ナカセンナリ
	エンレイ	エンレイ	エンレイ	エンレイ
	タチナガハ	タチナガハ	ナカセンナリ※	ナカセンナリ※
	タチナガハ	タチナガハ		
			タチホマレ※	
			ギンレイ	ギンレイ
			フクユタカ	フクユタカ
	エンレイ	エンレイ	エンレイ	エンレイ
	あやこがね		あやこがね	
	たまうらら※			
	タチナガハ※	タチナガハ※	タチナガハ※	タチナガハ※
	エンレイ	エンレイ	エンレイ	エンレイ
	オオツル		オオツル	
	エンレイ	エンレイ	エンレイ	エンレイ
	エンレイ	エンレイ	エンレイ	エンレイ
	あやこがね	あやこがね		
	アキシロメ※	アキシロメ※	フクユタカ	フクユタカ
	タチナガハ	タチナガハ		
	タマホマレ	タマホマレ	タマホマレ	タマホマレ
			フクユタカ	フクユタカ
	タマホマレ	タマホマレ	タマホマレ	タマホマレ
			フクユタカ	フクユタカ
オオツル※	オオツル※	オオツル※	オオツル※	オオツル※
	エンレイ	エンレイ	エンレイ	エンレイ
	タマホマレ	タマホマレ	タマホマレ	タマホマレ
オオツル	オオツル	オオツル		ことゆたか※
	エンレイ	エンレイ	エンレイ	エンレイ
	タマホマレ	タマホマレ	タマホマレ	タマホマレ
オオツル	オオツル	オオツル		
新丹波黒				

用途	納豆				
粒形	極大粒	大粒	中粒	小粒	極小粒
埼玉		エンレイ	エンレイ		
		タチナガハ	タチナガハ		
千葉		タチナガハ	タチナガハ		
東京		—			
神奈川					
山梨		タマホマレ	タマホマレ		
		エンレイ	エンレイ		
		あやこがね	あやこがね		
長野		エンレイ	エンレイ		
		タチナガハ	タチナガハ		
			スズコマチ	スズコマチ	
			東山204	（すずろまん）※	
			すずこまち※	すずこまち※	
静岡					
新潟		エンレイ	エンレイ		
				コスズ※	コスズ※
		タチナガハ※	タチナガハ※		
				コスズ※	コスズ※
富山		エンレイ	エンレイ		
石川		エンレイ	エンレイ		
福井		エンレイ	エンレイ		
岐阜		エンレイ※	エンレイ※		
		タチナガハ	タチナガハ		
愛知		タマホマレ	タマホマレ		
三重		タマホマレ	タマホマレ		
滋賀		エンレイ	エンレイ		
		タマホマレ	タマホマレ		
京都		エンレイ	エンレイ		
		タマホマレ	タマホマレ		

煮豆			味噌	
極大粒	大粒	中粒	大粒	中粒
	タマホマレ	タマホマレ	タマホマレ	タマホマレ
	タマホマレ	タマホマレ	タマホマレ	タマホマレ
	タマホマレ	タマホマレ	タマホマレ	タマホマレ
	エンレイ	エンレイ	エンレイ	エンレイ
	エンレイ	エンレイ	エンレイ	エンレイ
	タマホマレ	タマホマレ	タマホマレ	タマホマレ
	さやなみ	さやなみ	さやなみ	さやなみ
	タマホマレ	タマホマレ	タマホマレ	タマホマレ
		銀大豆		
	トヨシロメ			
	タチナガハ	タチナガハ	タチナガハ	タチナガハ
	アキシロメ	アキシロメ		
			フクユタカ	フクユタカ
	アキシロメ	アキシロメ		
	タマホマレ	タマホマレ	タマホマレ	タマホマレ
丹波黒			フクユタカ	フクユタカ
			フクユタカ	フクユタカ
			フクユタカ	フクユタカ
			フクユタカ	フクユタカ
			フクユタカ	フクユタカ
			フクユタカ	フクユタカ
	アキシロメ	アキシロメ		
	トヨシロメ	トヨシロメ		
			フクユタカ	フクユタカ
			フクユタカ	フクユタカ

用　途	納　豆				
粒　形	極大粒	大粒	中粒	小粒	極小粒
大　阪		タマホマレ	タマホマレ		
兵　庫					
奈　良					
和歌山		タマホマレ	タマホマレ		
鳥　取		タマホマレ	タマホマレ		
		エンレイ	エンレイ		
島　根		エンレイ	エンレイ		
		タマホマレ	タマホマレ		
岡　山		タマホマレ	タマホマレ		
広　島		タチナガハ	タチナガハ		
山　口	—				
徳　島					
香　川					
愛　媛		タマホマレ	タマホマレ		
高　知					
福　岡					
佐　賀					
長　崎					
熊　本				すずおとめ※	すずおとめ※
大　分					
宮　崎					
鹿児島					

資料：農林水産省「大豆に関する資料」(2008)
注　：無印：奨励品種、※：準奨励品種、○：奨励外

日本全体の稲藁や土壌などから分離されている。納豆にして風味が良く、糸引きの強いものが選択されて純粋培養され、販売されている。

現在の納豆菌生産業者は、仙台市の宮城野納豆製造所、山形の高橋祐蔵研究所、東京の成瀬醗酵化学研究所の3社である。各社の納豆菌の性格は少々変わるが、ここでは培養上・生理上の特徴としてバチルス・ナットー・サワムラの諸性質を図表4―6に、実際の納豆生産に必要な納豆菌の諸性質を図表4―7にあげた。

(2) 納豆菌の生活環

さて、ここで納豆菌の一生の全過程、生活環(life cycle)について説明する(図表4―8)。

図表4―6 納豆菌 *Bacillus natto Sawamura* の諸性質

培養上の特徴		生理上の特徴	
〔栄養細胞〕		グラム染色	+
形態	桿状	酸素要求	+
大きさ(μ)	2〜3×1	メチレンブルーの還元	+
〔胞子〕		硝酸塩の還元	+
形態	楕円	インドール生成	−
大きさ(μ)	1.2〜1.5×1	硫化水素生成	−
形成部位	多くは中央	ゼラチン液化	+
〔寒天培養〕	淡褐色・扁平	ビオチン要求性	+
	乾燥粉状組織		
〔発育の適温〕	40〜50℃		
〔牛乳培養〕	凝固後溶解		

図表４－７　納豆生産に必要な納豆菌の諸性質

胞子の発芽	最適温度　40℃前後 ・40～45℃　2時間以内大部分発芽する ・50℃　発芽遅れる ・55℃以上10℃以下　24時間以内に発芽しない ・100℃30分　発芽能力を失う
栄養細胞の生育温度	最適温度　39～42℃ ・55℃以上10℃以下　生育しない ・100℃5分　死滅 ※20℃の生育速度は40℃の1/10以下となる
生育のpH	最適pH　6.8～7.6 ・上限　9.5 ・下限　5.5 ※浸漬槽での乳酸菌の繁殖は素豆の原因となる

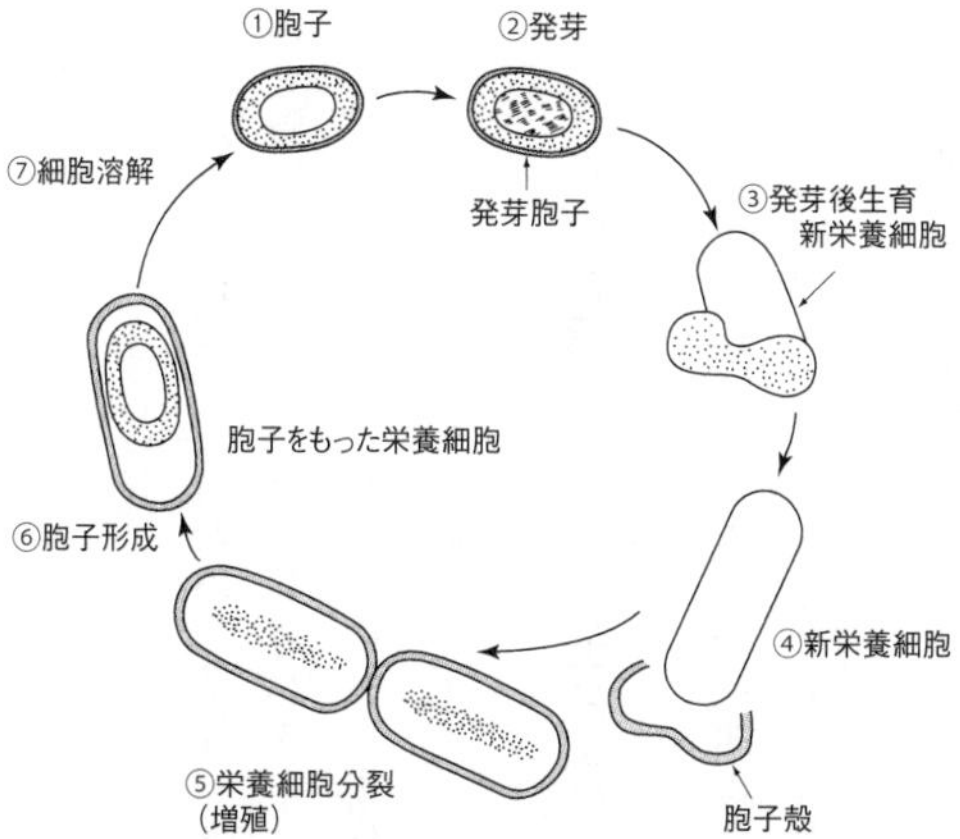

資料：渡辺杉夫著「食品加工シリーズ　５納豆」（㈳農山漁村文化協会）より転載

図表４－８　納豆菌の生活環

① 発　芽

納豆製造に使われる純粋培養の納豆菌と呼ばれているものは、納豆菌の胞子である。蒸煮大豆の表面に納豆菌胞子を接種すると、胞子が発芽し、新しい一個の栄養細胞となる。発芽して栄養細胞になるまでには約2時間を要する。

② 分　裂

続いて栄養細胞の中心部に壁ができ二つに分かれ、分裂が始まる。いわゆる細胞分裂であるが、納豆菌は、二分裂形式の増殖をして、横に横にと拡がりねずみ算的に増殖する。増殖の速度は30分に1回である。また、増殖が旺盛になると、発酵熱が多量に発生し、粘質物も盛んに生成され、老化した栄養細胞中には胞子が形成される。

③ 生　育

栄養細胞はやがては死滅しはじめ、細胞自身のもつ酵素の作用で細胞壁が溶解し、細胞内の胞子を含めた細胞内物質が漏洩する自己消化という溶菌現象を起こす。

これが納豆菌の一生となる生活環である。

納豆製品は、それぞれの発酵パターンにより異なるが、製品となった時点での胞子形成は、10～40％、栄養細胞は、60～90％程度となる。

4 納豆の発酵と大豆の変化

納豆の発酵工程は納豆菌の増殖曲線と重なるところもあるので、これになぞらえて説明する。

(1) 発酵前期（誘導期）

前期は室内温度40℃・周辺湿度80％以上という

環境の下で、前述のとおり30分に1回の分裂速度で二分裂型式の増殖をして横に拡がり、急激な繁殖を展開する。

納豆菌の繁殖には適切な温度と湿度が必要であり、以下理由を述べる。大豆表面が乾けば栄養を吸収できないので、繁殖できない。

① 適切な温度

発酵の前段階は大豆表面に納豆菌を十二分に増殖させることに始まる。

浸漬工程で水を充分に吸収した大豆は、蒸煮工程では蒸煮缶内で加圧蒸気によって温度が高められ、大豆水分の沸騰を起こす。種皮や子葉細胞壁は柔軟になりタンパク質粒・脂肪顆粒が破壊され、可溶性糖類等、納豆菌の必要とする炭素源、窒素源、ミネラル等の栄養物質が表皮に溶出する。ここで蒸煮大豆には納豆菌胞子が接種され、個々の納豆容器に充填される。

個々の納豆容器はコンテナに並べられ、台車で発酵室に引き込まれる。引き込み作業が終わると発酵室は密閉され、発酵が開始される。そして、栄養細胞の増殖適温におけば納豆菌胞子はこの適度な潤いと温度の中で2時間以内に発芽し、1個の栄養細胞となる。

② 適切な湿度

さて、ここで納豆菌酵素の話をしておかなければならない。酵素は、化学物質を切断するハサミ、あるいは、物質の結合を解放したり結合させたりするカギのような役割を果たす物質に例えられている。納豆菌には体の中にある酵素（菌体内酵素）と体の外に出す酵素（菌体外酵素）がある（図表4―9）。

納豆菌の菌体外酵素は、大豆表面に溶けている低分子の窒素化合物やショ糖などを分解し、納豆菌の細胞壁・細胞膜を通過し体内に入り込む。体内では、菌体内酵素が取り込んだ物質をさらに分解したり、結合させたりして栄養化し、新たな細胞をつくり、細胞分裂を始める。

ここで大切なのは、納豆菌は糸状菌のように固体基質の中にもぐり込んで繁殖することができず、栄養を吸収するためには大豆表面の栄養を溶かしている水の介在が絶対的に必要ということである。

室内湿度を一定にすれば容器の透気性や季節によって変動する外気の湿度の影響を受けることがなく、安定して納豆菌を繁殖・発酵させることができるのである。

(2) 発酵中期（対数期～定常期）

納豆菌の繁殖は大豆の粒形・成分によっても多少異なる。粒形の相違は挽き割り、極小粒、小粒、中粒、大粒等同重量に対する表面積の相違や繁殖速度によって変わり、また、挽き割りなどの表皮のないもの、可溶性糖類の含有量などによっても変化する。

通常、中粒程度の大豆の場合では、発酵開始から約8時間経過すると発酵熱の発生が盛んとなり、品温の立ち上がりを見せる（図表4―10）。この時期から対数期といわれる時期に入り、納豆菌栄養細胞は盛んな分裂を始め、菌数は指数関数的に増加する。増殖速度は最大に達し、細胞内の代謝活性も高くなる。納豆菌は蒸煮大豆表面で増殖の一途をたどり、二次元から三次元まで展開する。納豆の品温は50℃を突破する。

温度制御を行わず放置すると、品温は55～56度にも達し、納豆製品としては、過度の自己消化を

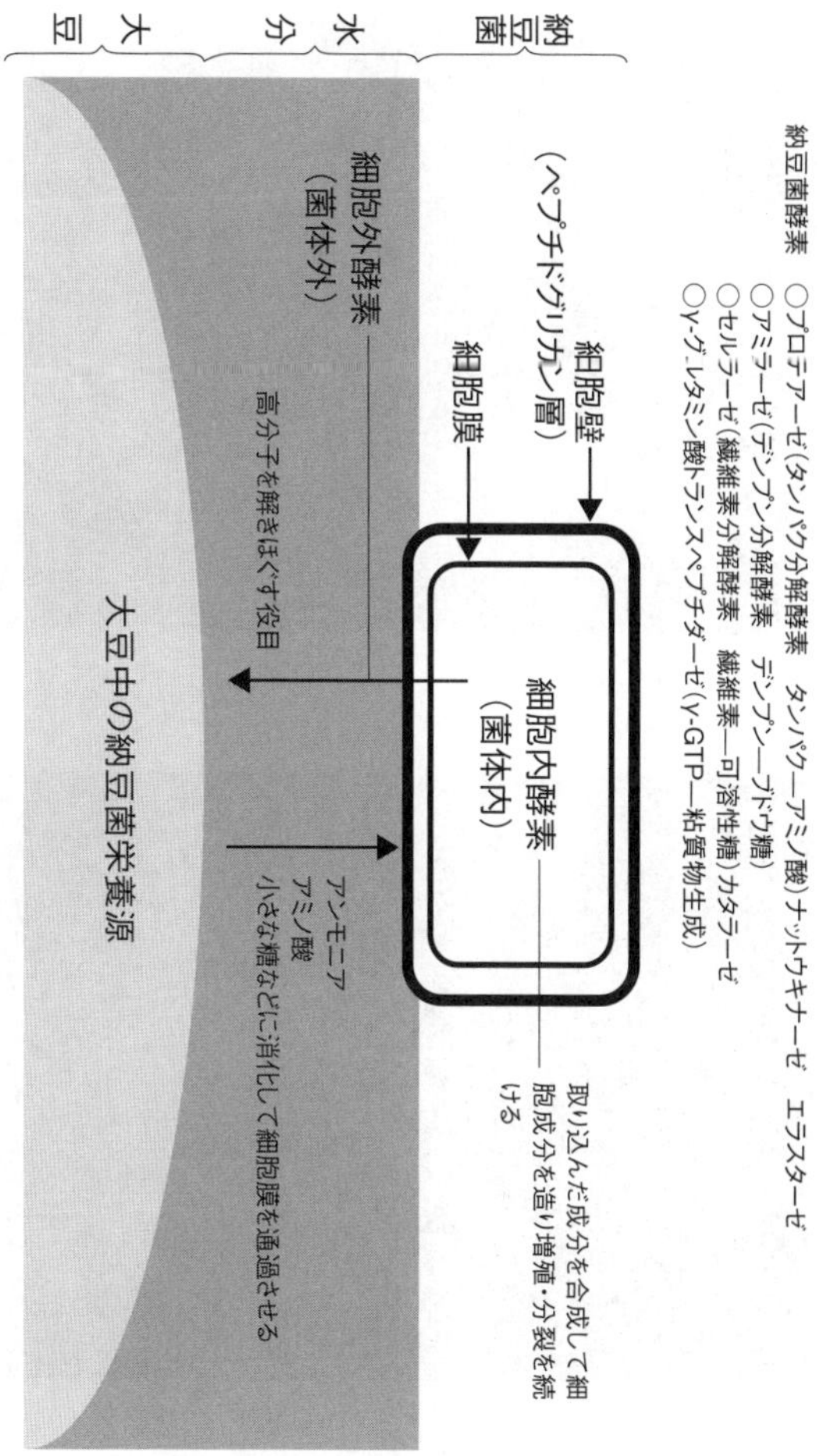
納豆菌酵素
○プロテアーゼ(タンパク分解酵素 タンパク—アミノ酸)ナットウキナーゼ エラスターゼ
○アミラーゼ(デンプン分解酵素 デンプン—ブドウ糖)
○セルラーゼ(繊維素分解酵素 繊維素—可溶性糖)カタラーゼ
○γ-グルタミン酸トランスペプチダーゼ(γ-GTP—粘質物生成)
納豆菌
水分
大豆
細胞壁(ペプチドグリカン層)
細胞膜
細胞内酵素(菌体内)
取り込んだ成分を合成して細胞成分を造り増殖・分裂を続ける
細胞外酵素(菌体外)
高分子を解きほぐす役目
アンモニア
アミノ酸
小さな糖などに消化して細胞膜を通過させる
大豆中の納豆菌栄養源

図表4－9 納豆菌酵素（菌体内酵素と菌体外酵素）

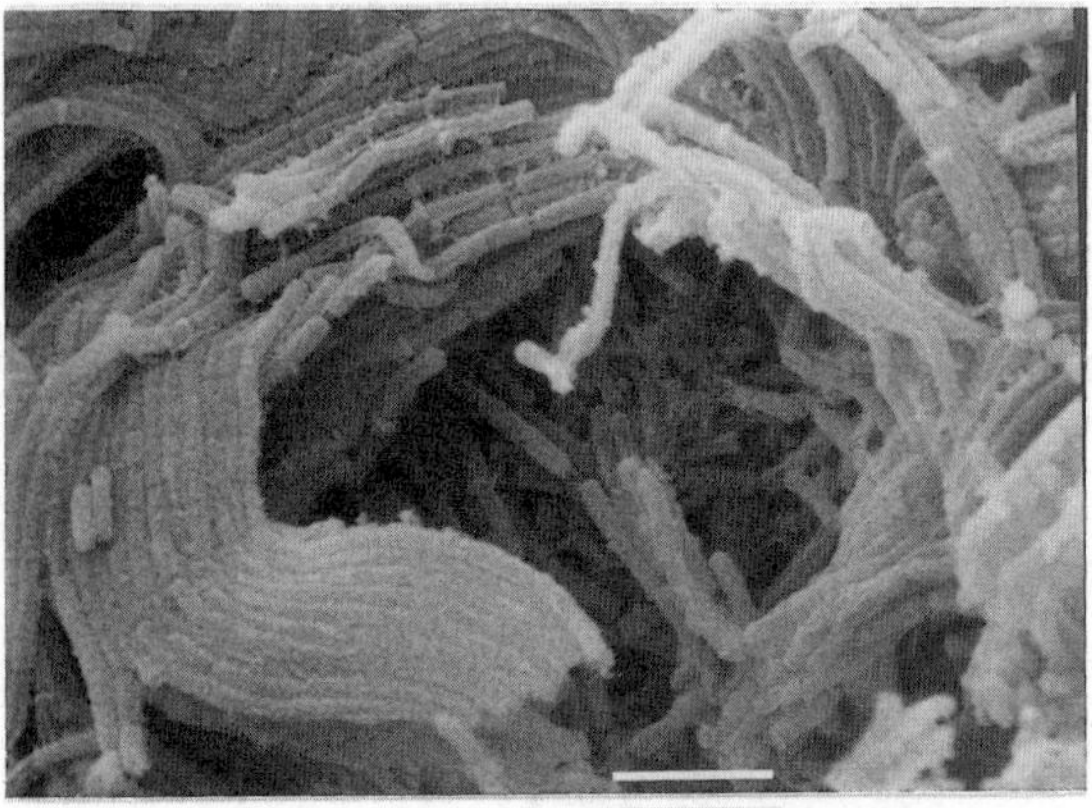

5μm

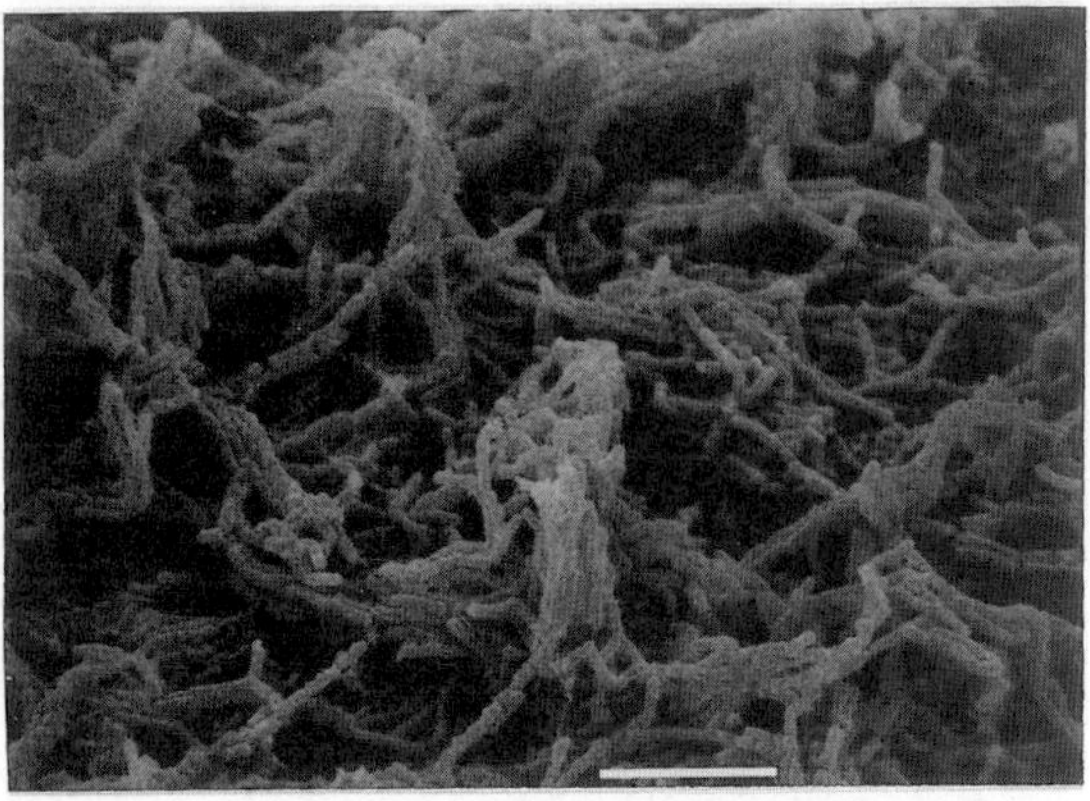

10μm

写真提供：共立女子短期大学　田中直義教授

写真４－１　大豆表面に増殖した納豆菌

招く結果となる。良好な粘質物生成と風味の仕上がりを期待するには、通常、室温制御により52℃で4時間前後経過させると良い。

(3) 発酵後期（死滅期）

定常期からは納豆菌の栄養細胞は、除々に体内に胞子を形成させ、死滅期を迎える。納豆菌は少しずつ自己分解し細胞壁と細胞膜が溶解、細胞内物質のタンパク質や菌体内酵素、ビタミン、香気成分などが大豆表面に分散して組織内に浸透し、発酵が加速される。

肉眼で見える粘質物の生成と、かすかな納豆の菌苔、菌叢《きんそう》の溶解はこの時期であり、納豆菌の栄養細胞は徐々に死滅する。

納豆づくりをほかの発酵食品にたとえるならば、前期と中期は麹づくり、後期は「もろみ」づくりであり、後期は酵素作用が盛んに行われる時期といえる。

(4) 熟成期

すべての発酵食品では、微生物の自己消化（分解）以降、味の形成が行われる。納豆においても納豆菌の生産する酵素のうち、とくにプロテアーゼやペプチダーゼの作用によって大豆タンパク質は分解される。発酵開始後16時間には納豆のアミノ酸遊離率は11％にも達し、並行して有機酸類の生成も行われ、うま味が一段と増してくる（図表4－11、図表4－12）。

品温を納豆菌繁殖温度帯に保持し続けると、納豆菌は再繁殖し、炭素源が不足、脱アミノ反応によりアンモニアが発生する（図表4－13）。アンモニアが発生した納豆は、そのアンモニア臭によ

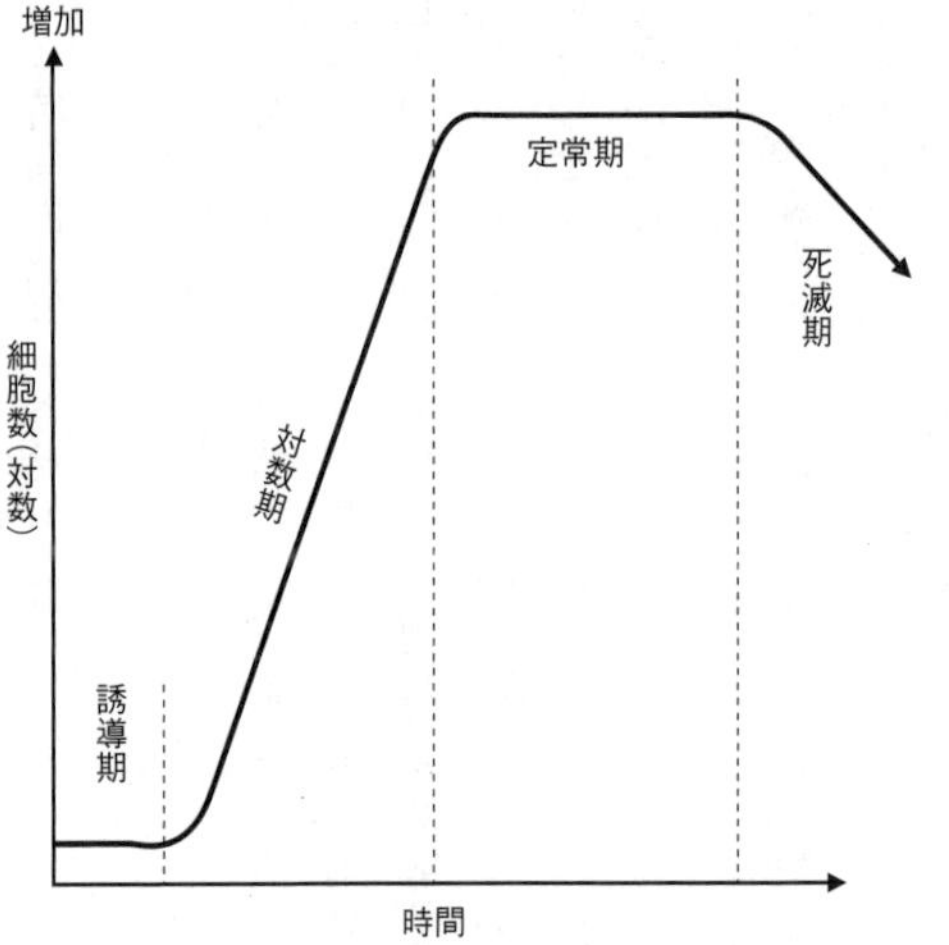

図表4－10　納豆菌の増殖曲線

図表4－11　納豆中の遊離アミノ酸

納豆100g中

	全アミノ酸(g)	遊離アミノ酸(g)	遊離率(%)	味
グリシン	0.6	0.06	10	甘
アラニン	0.8	0.20	25	甘
バリン	1.0	0.10	10	苦甘
イソロイシン	1.0	0.12	12	苦甘
ロイシン	1.6	0.28	18	苦甘
アスパラギン酸	2.0	0.04	2	旨酸
グルタミン酸	3.4	0.36	11	旨酸
リジン	1.2	0.10	8	苦甘
アルギニン	0.9	0.09	10	苦
ヒスチジン	0.6	0.08	14	苦
フェニルアラニン	1.0	0.10	10	苦
チロシン	0.5	0.03	6.5	無
プロリン	1.5	0.07	4.5	苦甘
トリプトファン	0.2	0.04	22	苦甘
メチオニン	0.2	0.02	10	苦
シスチン	0.2	0.01	5	－
セリン	1.2	0.04	4	甘酸
スレオニン	0.8	0.22	26	甘酸

資料：渡辺ら、1971

り食べられなくなってしまう。

したがって、適度な時期から強制冷却を行い、品温を降下させる。翌日は一次冷蔵庫に移して十分に冷却を続け、納豆菌の再繁殖を絶対に起こさせてはならない。

熟成は通常5℃以下の低温で行い、翌日の二次包装や仕分け作業中にも品温が上昇しないように注意する。その後の流通中にも熟成は継続されるが、納豆菌の再繁殖が起こらないよう、温度コントロールに万全の注意を払う必要がある。

(5) 発酵での留意点

発酵・熟成での留意点を以下に列挙する。

① 除 湿

発酵の後半は除湿が必要で、室内湿度を放出さ

図表4－12　糸引き納豆の有機酸

備考		水分%	バレリアン酸	酪酸%	プロピオン酸%	酢酸%	蟻酸%	レブリン酸%	コハク酸%	乳酸%	備考
醸酵時間	0	57.9	－	－	－	0.021	－	－	－	0.017	
	3	57.1	－	－	－	0.025	－	－	－	0.023	
	6	58.2	－	0.001	－	0.012	0.009	－	－	0.003	
	9	59.4	－	－	0.001	0.020	－	－	0.001	0.010	糸を引きはじめる
	12	60.8	－	－	0.002	0.008	0.002	－	0.001	0.024	
	15	59.4	－	0.006	0.007	0.035	0.002	－	0.005	0.029	
	16（製品）	55.7	－	0.078	0.007	0.015	0.002	－	0.009	0.013	
保存1日		53.7	－	0.002	0.009	0.009	0.001	0.004	0.011	0.011	悪臭がでる
保存2日		53.0	－	0.007	0.008	0.035	0.001	－	0.003	0.003	

資料：木原ら

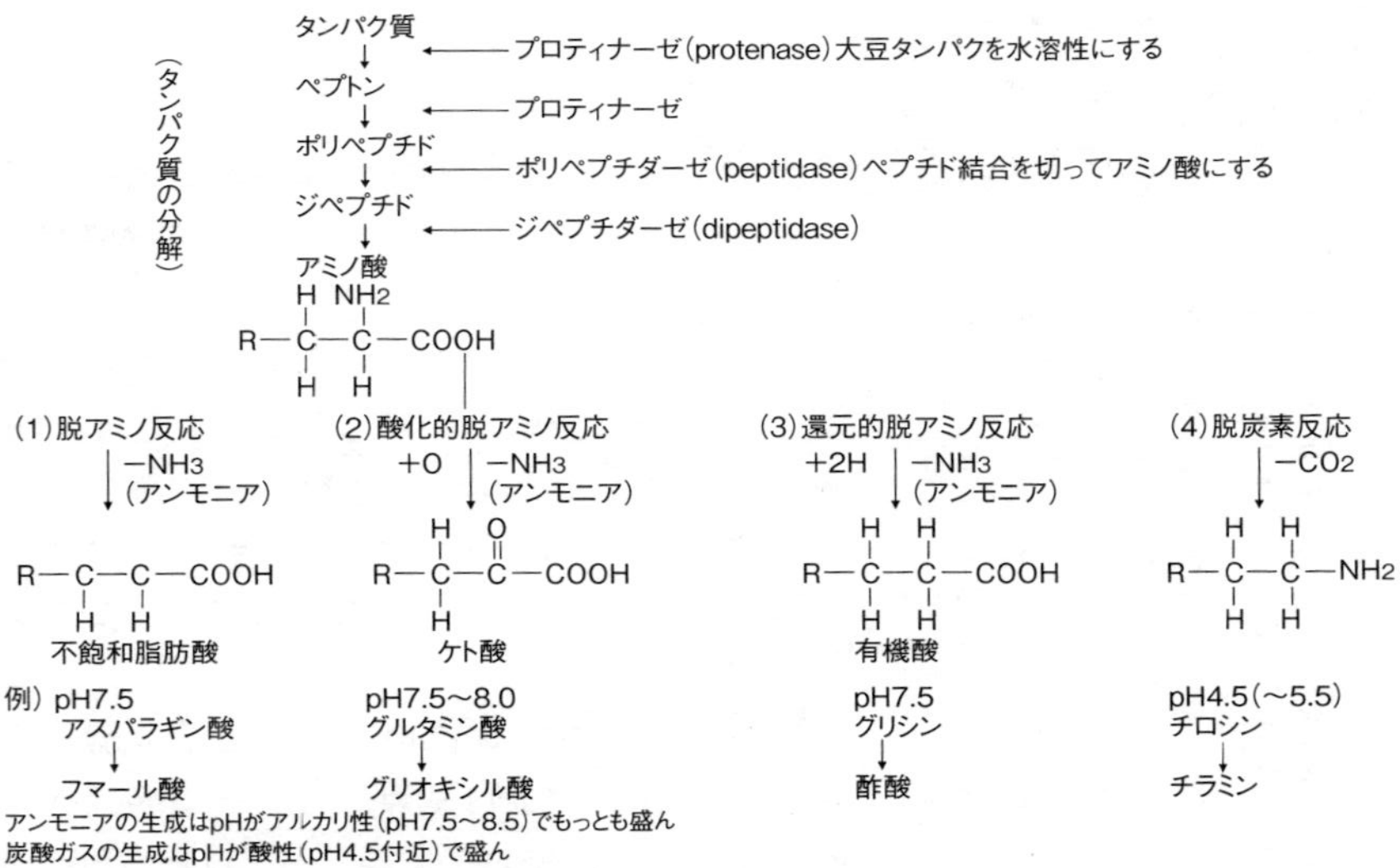

図表４－13　納豆菌によるタンパク質の分解と脱アミノ反応によるアンモニアの生成

せ、外部の乾燥した空気と置き換える。後半の吸排気と冷却による除湿は、納豆表面から水分を少しずつ除き、粘質物を濃縮させ、納豆の糸を強くし品質が向上する。

② ガス抜き

納豆菌を接種してから18～20時間経過後、発酵室から全製品を室外に出して放冷し、ガス抜きを行う場合もある。この場合も前記と同様、容器内の代謝ガスを外気と置き換え冷却・除湿を行うことを目的としている。

室温まで降下した時点で5℃以下に設定した一次冷蔵庫に入れる。

③ 冷　蔵

納豆工場の冷蔵は、納豆菌の繁殖を抑え、アンモニアの発生を防止するだけでなく、低温で納豆菌酵素による後期熟成をはかり、アミノ酸や有機酸の生成を促し、品質の安定をはかる重要な役目を果たしている。

(6) 上手に発酵させるポイント

① 短期熟成

納豆は短期熟成型の発酵食品であり、糸引き納豆の外貌を形作るのにわずか16～18時間で決定する。要するに、納豆の発酵工程は、後で手直しの効かない短期決戦型である。

② 品質の再現化

糸引き納豆の品質の一定化・均一化を計るためには、先に行った発酵の結果から良い結果を生み出す条件を見つけてパターン化し、継続的な品質の再現化を計らなければならない。

発酵工程は品質にもっとも影響のある重要な工程なので、充分な管理が必要となる。

③ **原料の選定**

発酵に先だって良い原料の選定と、浸漬・蒸煮等の前処理、これに続く接種工程において一定量の納豆菌胞子・スターターの使用も重要な要素である。

④ **湿度保持**

発酵開始後は納豆菌の栄養摂取のための湿度保持が重要なものの一つである。

⑤ **温度調整**

誘導期を納豆菌の繁殖適温に維持し、対数期を経て定常期における粘質物生成のための温度調整も、容器の材質・保持性等によって条件が変わるため、細心の注意が必要である。

⑥ **大豆引込量**

発酵室の容積に対する一定量の大豆引込量は、一定量の発酵熱の発生を約束するので、温度調整を一定化することができる。

⑦ **酵素作用**

定常期から死滅期にかけて、納豆菌の繁殖は衰え、栄養細胞は自己分解を起こす。細胞内の体内酵素は徐々に溶出して大豆組織内に浸漬し、粘質物とアミノ酸生成が活発に行われ、味が増してくる。

⑧ **除　湿**

発酵工程後半における外気との置換による除湿は、納豆表面の水分を減少させ、糸引きを強くし、味を濃縮させる。

⑨ **冷　却**

これ以降は急速に室温を低下させ、できるだけ速く納豆菌繁殖温度帯を突破するよう品温を下降させる。そして、二次繁殖による脱アミノ反応を防いで熟成を続け、発酵工程を終了する。

(7) 納豆製品の分類と製法の工夫

納豆製品は、原料の粒形、容器の材料、形態などで分類される。発酵のコントロールはこれらの条件によって若干の違いが出てくる。原料の形態・容積による発酵熱の発生量、および容器の材料形態による発酵中の酸素導入、蒸発潜熱での除湿などの製造管理には製品それぞれに製造方法の工夫が必要である。

① 原料大豆の粒形による分類

- 大粒大豆……直径7.9㎜以上
- 中粒大豆……直径7.3㎜以上
- 小粒大豆……直径5.5㎜以上
- 極小粒大豆…直径4.9㎜以上

② 原料大豆の加工法による分類

- 挽き割り大豆（加熱式）
- 挽き割り大豆（生割り）
- 二ッ割り（浸漬後脱皮）

③ 原料大豆の栽培地・栽培法による分類

- 国内産、中国産、アメリカ産、カナダ産
- 有機栽培、無農薬栽培

④ 容器の形態や材料による分類

- PSP角容器納豆、カップ容器納豆
- 紙箱納豆、カップ納豆
- 経木納豆
- 藁苞納豆

第5章 納豆製造工程の管理

1 均一生産を目的とした工程管理

(1) 均一生産の必要性

分離された納豆菌と、この純粋培養を接種する近代の納豆生産技術方式の基礎が確立されて以来、発酵室・充填機・容器の開発など、この分野に携わった方々の努力によって、現在の納豆業界は、微生物利用工業としての近代食品工業にふさわしい規模と内容を備えるにいたった。

しかし、一見して生産技術が確立しているかに見えても、実際面での製品の均一化や、風味の安定生産という点はなかなか難しい。単純に見える原料大豆の品質のばらつきや、生産工程が短時間のうちに複雑な条件を満たさねばならないことなど生産業者をして「本当に納豆造りは難しい」と言わしめるゆえんがある。

一方で消費者は、時としてまずい製品に当たると、その印象が強く残る傾向があり、しばらく納豆離れを起こす。したがって生産業者としては、何としてでもおいしい納豆の均一安定生産を目指さねばならない。

市場では、近代設備を整え終わった大手メーカーに中小メーカーをも交え、営業販売活動にしのぎを削っている。この状況のなかで優位を保つには、やはり消費者に好まれるおいしい製品を毎日安定して供給することが第一条件である。この場合、生産規模はあまり問題とならない。おいしい風味のある商品を継続的に供給できる生産技術を各社工場ごとに築き上げることが、もっとも重要な課題である。

(2) 再現化の手段、記録の重要性

図表5―1に掲げた納豆生産管理表は、フローに従って行程ごとに納豆の品質に直接、または間接的に影響を及ぼす項目を記入したものである。下段には、工場範囲で実施することのできる試験方法等を記入した。

いささか項目が多いが、一つ一つが生産上のたいへん重要な要素となって積み上げられていく。均一な品質の納豆生産のため、さらに品質向上のためには、大手メーカーであれ、中小メーカーであれ、全部を満足させないことにはその目的は達成できない。

この管理表は工場の規模に合わせ、現場ごとに分割して記入するなど、実態を考慮して作表すればたいへん効果が上がる。

すべての発酵食品には食べ頃があるが、とくに納豆は短期熟成型の発酵食品であり、でき上がるのもスピーディであれば、供給（流通販売）にもスピードが要求される。なにしろ条件次第では一日もかからぬうちに変敗する食品である。これをコントロールして、いつも同じ品質のものを生産・供給するには少なからぬ技術を要する。一度つくり上げたおいしい商品は、継続的に毎日生産しなければならない。

科学技術の目的は、再現性にあるが、納豆生産にもこれが適用され、実際の生産に活用されねばならない。再現性を求め、これを可能にするには、手段としてまず記録をとることが必要であり、毎日記録していると、微細な変化も鋭敏に感じとれ

製造番号　　　　　　　　　　　　　　　　　　　　　　　　年　月　日～　月　日（渡辺、985）

1.原料	2.浸漬	3.蒸煮	4.接種	5.充填	6.引込み
		蒸煮缶型式		充填機型式・能力	発酵室・自動納豆 製造装置O型式
1. 品種 2. 産地 3. 生産年度 4. 粒形 大 中 小 極小 ひきわり 5. 仕入期日数量 6. 入荷形態 バルク 麻袋 紙袋 7. 仕入先 8. 価格 9. 来雑物 10. 損傷 11. 成分	1. タンク番号 2. 浸漬数量 3. 浸漬時 水温 室温 4. 浸漬時間 開始時 終了時 5. 浸漬後 水温 室温 6. 水質	1. 蒸煮数量 2. 蒸気元圧 3. 蒸煮経過 開始時 ブロー時 加圧時 達圧時 減圧時 合計時間 4. 蒸煮大豆硬度 直後 3時間経過後	1. 納豆菌の種類 2. 使用数量 3. 希釈菌液量 4. 接種方法	1. 生産品目 2. 容器型式 3. 生産数量 4. 充填時間 開始時 終了時 5. 室温	1. コンテナ型式 2. 発酵室番号 3. 生産品目 4. 1コンテナ当たり容器数量 5. コンテナ積上げ段数 6. コンテナ総数 7. 総引込量 容器数量 大豆数量 8. 引込み時間 開始時 終了時 9. 引込み中の室温
試作時評価 生産後の評価	結果の検討、対策 ・水分吸収率 ・発芽率	結果の検討、対策 ・硬度試験	結果の検討、対策 ・スターターのチェック	結果の検討・対策 ・雑菌のチェック	結果の検討、対策

7.発酵(計画)	発酵(結果)	8.二次包装	9.冷蔵出荷	10.衛生管理	
		包装機型式・能力・品種数	冷蔵庫・冷凍庫の型式		
条件設定 1. 発酵開始時 2. 予冷 ℃時 3. 発芽繁殖 ℃〜　℃　時 4. 発酵 ℃〜　℃　時 5. 熟成 ℃　時 6. 冷却 ℃　時 7. 酸素導入および換気 分 回/　時 時〜　時 8. 加湿 湿度　% 時間　時 9. 室出し 時 10. 室温(発酵室外) ℃	1. 発酵開始時 2. 発酵終了時 3. 発酵全時間 4. 室温経過 5. 品温経過 6. 湿度経過	1. 二次包装形態 2. 包装開始時 3. 包装終了時 4. 製品滞在時間 5. 包装室温度	1. 温度設定 2. 製品入庫時 3. 製品出庫時 4. 製品滞在時間 5. 出荷時 製品の品温 6. 流通搬送 車の種類と温度 保存車　℃ 冷蔵車　℃ 冷凍車　℃	1. 洗浄殺菌対象 1)室名 浸漬室 蒸煮室 充填室 発酵室 包装室 冷蔵庫 その他 2)機械器具 浸漬槽 蒸煮缶 接種器具 充填機 昇降ホッパー 盛込器具 盛込机 コンテナ 台車 その他	2. 洗浄殺菌方法 1)洗浄 洗浄剤種類 使用濃度 使用液量 使用温度 すすぎ洗い 2)殺菌 熱湯殺菌 殺菌剤種類 使用濃度 使用温度 使用液量 すすぎ洗い
	試食 結果の検討、対策 ・pH　・水分 ・アンモニア態　N	結果の検討、対策	試食(出荷時) 営業部の評価 客先の反応、評価、対策 ・pH　・水分 ・アンモニア態　N	結果の検討、対策 ・雑菌チェック	

図表5－1　納豆生産管理表（例）

るようになる。参考として代表的な記録用紙内容例を掲げておく（図表5―2、図表5―3）。

(3) 納豆の判定基準

図表5―3の官能検査記録について、参考までに納豆の判定基準を示す。

① 納豆菌の被り

（良）ムラなく、一定の厚さで覆っており、素豆やまだらな被りがないもの

（悪）被りがまだら状、または素豆がところどころにある。その他、著しく被りが薄いもの

② 溶菌状態

（良）被りに菌叢《きんそう》の溶けた状態が見られないもの

（悪）菌叢が溶けてベタベタした状態が出ているもの

③ 割れ、つぶれ、皮むけ

（良）割れ・つぶれ・皮むけが少ない、またはほとんどないもの

（悪）右記のものが多いもの

④ 豆の色

（良）茶色殻・うす茶色をしており、鮮やかさを伴うもの

（悪）こげ茶殻、黒っぽい色のもの

⑤ 香り

（良）甘味臭の良いもの、アンモニア臭・コゲ臭・酸臭、・異臭から判断して適度な香りを有するもの

（悪）甘味臭・アンモニア臭・コゲ臭・酸臭・異臭から判断して不適当なもの

⑥ 硬さ

（良）軟らかく、滑らかな歯ざわりを有するもの

製造番号　　年 NO.　　号

年　月　日　浸漬
月　日　引込
月　日　出荷分

納豆製造記録

A. 原料	1.　　　年産 2.　産地 3.　品種 4.　保管　　室　低 5.　発芽率　　%
B. 浸漬	1.　浸漬　　俵　　／浸漬時間　　hr 2.　使用水　　市水　井水 3.　室温　　℃ 4.　水温　開始時　　℃　／終了時　　℃ 5.　吸水率　　%
C. 蒸煮 記録表参照	1.　浸漬原料　　俵分 2.　蒸気元圧　　MPa 3.　蒸煮圧　　MPa　／蒸煮温度　　℃ 4.　蒸煮経過 ブロー　min→加圧　min→最高圧力保持時間　min→減圧　min 合計時間　　hr 5.　蒸煮状態　　良 ／否 6.　蒸煮大豆硬度　　g
D. 接種	1.　納豆菌　　菌 2.　接種菌数(蒸煮大豆1g当たり) 3.　納豆菌使用量(1俵当たり)　　cc 4.　接種方法 5.　稀釈菌液量
E. 充填	量目設定　角容器　　g 丸カップ　　g
F. 醗酵 第　醗酵室の記録表参照	1. 引込数量　　g ×　　箱 ＝　　Kg (いつも一定量を引込み、出荷調整は一次冷蔵庫で行う。) 2.　定常期温度　　℃ 3.　定常期維持時間　　hr 4.　総醗酵時間　　hr 5.　醗酵状態　　良 否 6.　出納豆品温　　℃ 7.　放冷　　有　　hr　／無し
G. 熟成	1.　一次冷蔵庫室温　　℃ 2.　庫内滞在期間　　hr 3.　熟成後品温　角容器　　℃　／丸カップ　　℃ 4.　製品品質　優・良・可・不可　(官能検査記録参照) (冷蔵庫から出した製品を1時間室温に放置し官能検査を行う。詳細は、官能検査記録表に記入すること。　) 5.　硬度　　g (硬度試験による)
H.二次包装	1. 包装室内温度　　℃ 2. 包装後品温　　℃
I. 冷蔵	1.　二次冷蔵庫　室温　　℃ 2.　庫内滞在時間　　hr 3.　出荷時　　品温　　℃

図表５－２　納豆製造記録

年　　月　　日 出荷分

官能検査記録

評価項目	評価	備考
1. 菌の被り	悪い（1）　やや悪い（2）　普通（3）　やや良い（4）　良い（5）	
2. 溶菌状態	多い（1）　やや多い（2）　普通（3）　やや少ない（4）　少ない（5）	
3. 豆の割れつぶれ	多い（1）　やや多い（2）　普通（3）　やや少ない（4）　少ない（5）	
4. 豆の色	悪い（1）　やや悪い（2）　普通（3）　やや良い（4）　良い（5）	
5. 香り	悪い（1）　やや悪い（2）　普通（3）　やや良い（4）　良い（5）	
6. 硬さ	硬い（1）　やや硬い（2）　普通（3）　やや軟らかい（4）　軟らかい（5）	硬度　　g
7. 味	悪い（1）　やや悪い（2）　普通（3）　やや良い（4）　良い（5）	
8. 糸引き	弱い（1）　やや弱い（2）　普通（3）　やや強い（4）　強い（5）	
9. 総合評価	悪い（1）　やや悪い（2）　普通（3）　やや良い（4）　良い（5）	

【特記事項】

図表５－３　官能検査記録

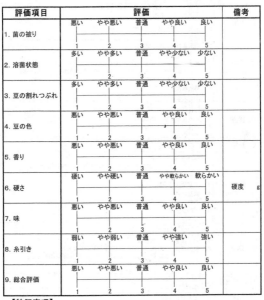

（悪）硬くて歯ざわりの悪いもの

⑦ **味**

（良）アミノ酸などの甘味や苦味、異味などから判断して適当な味を有するもの

（悪）旨味・苦味・甘味・異味などから判断して不適当なもの

⑧ **糸引き**

（良）かき回したときに粘りが強く、糸引きの良いもの

（悪）粘りが少なく、糸引きの良いもの

⑨ **総合評価**

全体的に考え評価する。異物やチロシンの結晶などが見られたときは、備考欄に記載する。

2 生産工程の要点と標準化

ここでは、各工程の要点と、均一生産の手段となる標準化について述べる。

(1) 原　料

① **原料大豆**

納豆の特徴を左右する一番大きな要素は、原料大豆にある。この品種、粒形の選択は商品づくりのもっとも大きな要素なので、消費者の嗜好《しこう》を探りながら商品展開をイメージする。

② **試　作**

選択した原料で良い納豆ができるかどうかは試作してみないとわからない。原料購入に際しては、必ずサンプルの提出を依頼し、試作する。そして、

良い納豆のできる大豆を選び、その大豆の供給量を確認してから商品化を図る。

試作法は当初試料1kgでも良い。木綿の袋に入れ、現行の製品と同時に浸漬・蒸煮・発酵を行い比較検討すると良い。

③保　管

大豆は生産地や栽培条件で、かなり品質に変化があり、また、保管状態も大いに影響する。いちばん信頼のおけるのは自分で保管することで、方法としては、15℃湿度60％の低温倉庫での保管が望ましく、かなり品質は保たれる。

要するに、良い納豆のできる大豆を、変質させぬよう大量保存、もしくは、大量確保することが均一生産の第一歩でもある。

④鮮　度

発芽力の低下した大豆は、浸漬の際に、納豆菌の繁殖に必要な成分の溶出に結びつくので、決して古い大豆に手をだしてはいけない。

(2)浸　漬

①浸漬時間

充分な浸漬の判定は、浸漬大豆を二ツ割にして、子葉部のすきまが無くなるのを目安とする。この時期には、重量で2・2倍～2・3倍となるので、重量で判断する方法もある。

試料の少量を水切り網に入れて浸漬し、重さを測って浸漬時間を判断しても良い。いずれでも浸漬が不充分であったり、浸漬しすぎたりしないよう一定にする。

②温　度

大豆の種類や気温・水温等に影響され、浸漬時間が変わる。室温や水温を一定にし、浸漬時間を一定化する方法がとれれば申し分ない。

(3) 蒸　煮

① 目　的

蒸煮の目的は、浸漬後の大豆を充分に軟らかく蒸すことにある。各品種において要領も異なるが、特性を適確につかむようにする。

② 元　圧

元圧はいつも一定にし、ブロー、最高圧への到達時間・蒸煮時間・脱圧の操作を一定にし、いつも同じ条件の蒸煮大豆が得られるようにする。

③ 硬　度

製品の納豆の硬さとは異なるが、蒸し上がりの大豆の硬度が軟らかさの目安となるため、硬度試験を行い、いつも同じ軟らかさの蒸煮大豆を得るようにする。

方法としては、1kgの上皿バネ秤を用意し、品温30℃に冷えた蒸煮大豆を、ラップを敷いた上皿の上に20～30粒置き、さらにラップをかぶせる。指で1粒ずつ押し潰して潰れたときの重量を求め、全体の平均値を算出する。

(4) 接　種

この工程では、無菌的条件の下で、毎日正確な納豆菌の計算と、希釈菌液調整および撒布が必要となる。

① 均一接種

製品の均一化、発酵の均一化、風味の均一生産を求める原点であるので、蒸煮大豆の一粒一粒に、いつも一定の数の納豆菌を接種するようにしなければならない。

② 接種方法

接種方法は、生産規模によって、回転式接種機・ジョウロ・加圧噴霧機などが用いられているが、現在、ほとんど加圧噴霧方式がとられている。

原料大豆60kg当たり、納豆菌4～5 ccを入れた希釈菌液が、2ℓ程度使用されている。

(5) 充　填

納豆工程において、衛生管理は、全工程にわたってかかせないものである。なかでもこの工程における雑菌汚染が一番多いので、充填室や充填機の殺菌洗浄はもっとも重要であり、充分な注意を要する。

汚染の防止と品温の平均化から、充填時間は短時間なほど良い。

(6) 引　込

発酵室での温湿度分布を考慮して、コンテナは通風性の良いものを選ぶ。

コンテナに容器を並べる場合、原則的には一段であるが、数を多く入れる場合は下の容器の上に、直接重ねないように並べ、発酵熱がこもらないようにする。

コンテナの積み上げも適当な高さにすべきである。発酵室に入れた場合、壁との間は、必ず余裕のある間隔をとり、風の循環を妨げ室内温度が不均一になることを防ぐ。

引込は同一原料、同一盛込量のものを、いつも一定数量引込むようにすることが最良の結果を生む。

(7) 発　酵

ここからもっとも重要な発酵工程が行われる。接種された蒸煮大豆の発酵を誘導し、完成させるカギは、先述したように発酵室の温度と湿度のコントロールである。

納豆独特の発酵が展開され、総合的に良い手法がとられると、わずか一日にしておいしい納豆が生産される。

① 発酵の流れ

発酵室には、充填したものからただちに引込み密閉する。記録計付きの自動制御盤には、発酵の全工程にわたったプログラムが打ち込まれ、スタートボタンを押すことによって、発酵工程が始まる。

発酵のパターンは、容器の性質や原料の種類、盛込量等によって対応しなければならない。一例を図表5―4に示した。

まず、品温をなるべく速い時間で納豆菌の繁殖適温に持ち込むための予冷を行う。

納豆菌は、ここで分裂繁殖の最適環境下におかれる。発芽繁殖を促す誘導期の6～8時間を経過すると繁殖が旺盛となり、発酵熱の旺盛な対数期を迎える。

10～12時間目には品温はピークに到達し、定常期を迎える。この辺りは専ら酵素活動の盛んな期間となり、納豆の粘質物の生成が行われる。

16～18時間で、発酵は終了し一応納豆の形は整う。これを強制冷却し、普通24時間以内には製品は発酵室から搬出される。

② 発酵工程の標準化

発酵工程の標準化であるが、重要なことは次の3点である。

醗酵工程の温度・湿度管理

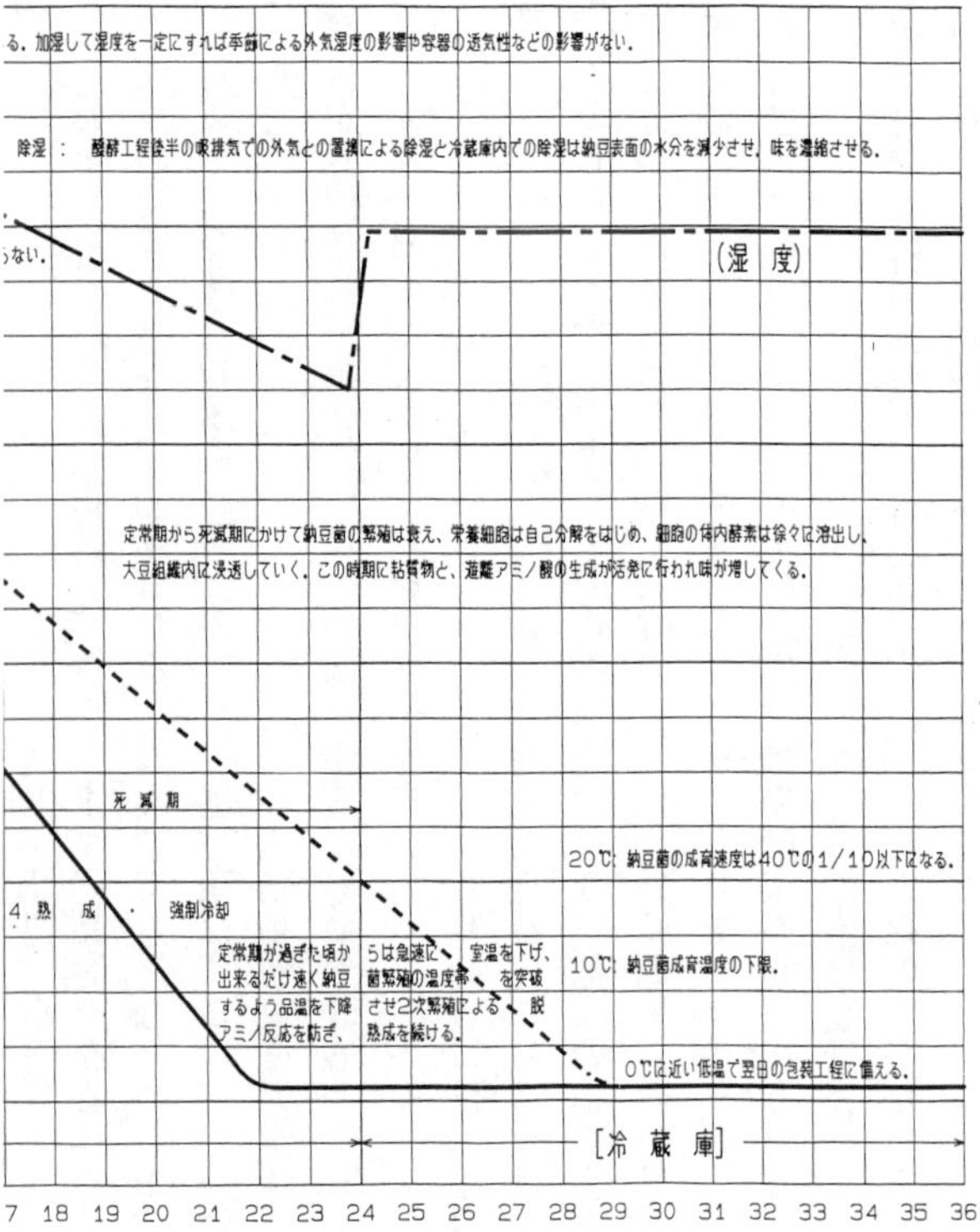

る．加湿して湿度を一定にすれば季節による外気湿度の影響や容器の透気性などの影響がない．

除湿 ： 醗酵工程後半の吸排気での外気との置換による除湿と冷蔵庫内での除湿は納豆表面の水分を減少させ，味を濃縮させる．

らない．

（湿 度）

定常期から死滅期にかけて納豆菌の繁殖は衰え、栄養細胞は自己分解をはじめ、細胞の体内酵素は徐々に溶出し、
大豆組織内に浸透していく．この時期に粘質物と、遊離アミノ酸の生成が活発に行われ味が増してくる．

死 滅 期
20℃： 納豆菌の成育速度は40℃の1/10以下になる．
4．熟 成 ・ 強制冷却
定常期が過ぎた頃から出来るだけ速く納豆するよう品温を下降アミノ反応を防ぎ、
らは急速に 室温を下げ、菌繁殖の温度帯 を突破させ2次繁殖による 脱熟成を続ける．
10℃： 納豆菌成育温度の下限．
0℃に近い低温で翌日の包装工程に備える．
［冷 蔵 庫］
7 18 19 20 21 22 23 24 25 26 27 28 29 30 31 32 33 34 35 36

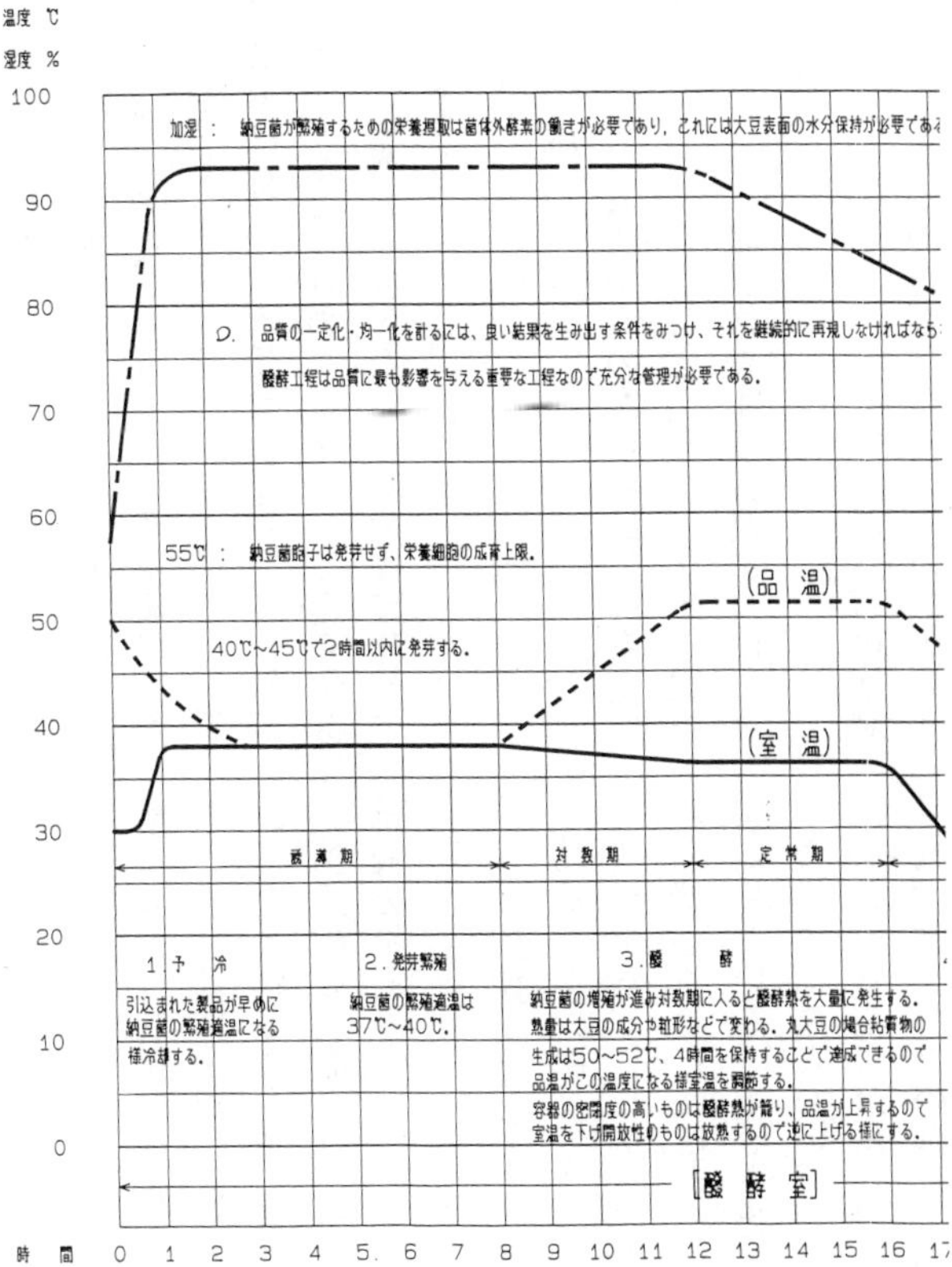

温度 ℃
湿度 %
100
90
80
70
60
50
40
30
20
10
0
加湿 : 納豆菌が繁殖するための栄養摂取は菌体外酵素の働きが必要であり，これには大豆表面の水分保持が必要であ
D. 品質の一定化・均一化を計るには、良い結果を生み出す条件をみつけ、それを継続的に再現しなければなら
醗酵工程は品質に最も影響を与える重要な工程なので充分な管理が必要である.
55℃ : 納豆菌胞子は発芽せず、栄養細胞の成育上限.
40℃~45℃で2時間以内に発芽する.
(品 温)
(室 温)
誘導期
対数期
定常期
1. 予 冷
2. 発芽繁殖
3. 醗 酵
引込まれた製品が早めに納豆菌の繁殖適温になる様冷却する.
納豆菌の繁殖適温は37℃~40℃.
納豆菌の増殖が進み対数期に入ると醗酵熱を大量に発生する.
熱量は大豆の成分や粒形などで変わる. 丸大豆の場合粘質物の生成は50~52℃、4時間を保持することで達成できるので品温がこの温度になる様室温を調節する.
容器の密閉度の高いものは醗酵熱が籠り、品温が上昇するので室温を下げ開放性のものは放熱するので逆に上げる様にする.
[醗 酵 室]
時 間
0 1 2 3 4 5 6 7 8 9 10 11 12 13 14 15 16 17

図表5－4 納豆生産発酵工程品温室温湿度経過の一例

・発酵室に入れる製品の数量を一定にすること
・発酵室の温度、湿度のパターンを一定化すること
・とくに、定常期における品質とその継続時間を一定化し、固定化すること

現在、発酵室制御盤は記録をとることができる。記録計による実績を翌日のプログラムに還元することで、この制御が可能となり、味の固定化ができるようになった。

(8) 一次冷蔵

一昼夜冷蔵庫に入れたものを取り出して室温に一時間放置した後、それまで記録した全工程のデータをみながら、試食検査する習慣をつけることが必要である。

外観、味、香、糸引き、粘り等、納豆の硬度測定を行い、できあがった製品についての評価も必ず記録に残すようにする。理化学的な記録と試食検査を継続して行うことによって、アミノ酸分析計よりも、管理者の舌が信用できるようになる。そうすれば異常が起きても、すぐに原因がわかり、対策がとれるようになる。

納豆の硬度測定は蒸煮大豆と同じ方法で硬度の比較をする。

(9) 二次包装および冷蔵・流通

冷凍しない限り、この期間も発酵は進み、風味は変化する。したがって商品を何度の温度で、何時間経過させたかは非常に重要なことである。消費者においしい納豆を提供するには、これも積算しなければならない。

遠方に営業所があり、その貯蔵庫で保管する場合は、営業所での試食も必要となる。

3 衛生管理と工程での問題点

納豆は、蒸煮大豆を納豆菌で発酵させ、熟成させたものを未加熱のまま食べる加工食品である。発酵工程における納豆菌の繁殖の適温が食中毒菌や有害菌と同程度であることから、各工程での衛生管理を怠ると、これらの菌が増殖し、食中毒や異常発酵の発生をまねきかねない。したがって、衛生的な納豆をつくるためには、以下のことが重要である。

・施設、設備の整備と、製造に用いる機械・器具類を衛生的に保持する
・製造工程での微生物の侵入や増殖を防止する
・製品の保管、流通および販売にいたるまでの一貫した衛生的な取扱いと、低温管理による安全性を確保する

品質に関連した納豆製造上で問題となる微生物について、図表5—5にあげておく。これら微生物以外に、ネズミ・昆虫や、作業者、製品の取扱者等による病原菌の汚染についても充分な注意を払わなければならない。

効果的な汚染の防止対策については、工程別に汚染の問題点をよく知ることが大切である。

(1) 原料大豆の汚染

原料大豆の紙袋、麻袋のほこりの中に土壌微生物が混入しているので、原料のほこりが製造場に舞いこんだり、原料の取扱者がそのままの服装で製造場に入ったりすると雑菌汚染の原因となる。

原料を取扱った作業者は、衣服を交換せず製造工場に入ってはならない。原料室から製造場への

図表5－5　納豆製造で問題となる微生物と加熱処理条件

微生物名		加熱死滅温度	納豆の状況	生息場所	備　考
ウイルス	納豆菌ファージ I～Ⅳ型	65℃、10分以上	①出来上がりは正常品と同様 ②撹拌時、糸切れが発生 ③汚染が著しいとき、発酵時に納豆菌の生育を阻害する	①土壌、ほこり ②工場内においては、排水溝、床、壁、天井などの湿った場所	①アルコール、次亜塩素酸ソーダ、逆性石けんなどで殺菌が可能
好気性芽胞形成菌	*Bacillus licheniformis*	121℃、15分以上	①外観は変わらないが糸弱く、香りが弱い	①土壌、枯れ草、稲わら ②空気中にも芽胞で少量存在 ③排水溝、床、天井など	①芽胞菌のため死滅しにくい ②納豆菌と同属の菌であり、納豆菌の発酵を妨害する ③同属菌のため検査が難しい
	subtilis		①少々赤みあり、糸引きが弱い ②糸に節ができる		
	pumilus		①菌の被り*は良いが風味が落ちる		
	cercus		①やや赤く不快臭がある		
	firmous coagulans		①糸に節があり、まずい		
嫌気性芽胞形成菌	クロストリジウム属 (*Clostridium*)	121℃、15分以上	①ドブ臭い、汗臭い臭いを発生する ②酸欠により起こりやすい	①土の中など空気の少ない所 ②空気中でも芽胞で少量存在	①芽胞菌のため死滅しにくい
	Lactobacillus plantarum (乳酸桿菌)		①浸漬中に乳酸発酵がすすみ浸漬大豆表面に乳酸が残ると納豆菌が繁殖できず素豆となる	①主として浸漬槽下部、大豆の溶出成分で繁殖 ②蒸煮工程で完全に死滅する	①浸漬終了時浸漬槽を弱アルカリ洗浄剤を用い十分に洗浄滅菌
糸状菌	リゾープス属 (*Rhizopus*) ペニシリウム属 (*Penicillium*)	80℃、10分以上		①土壌、ほこり ②工場内の天井、壁に発生	①糸状菌のために納豆が腐造になることはない ②胞子が出来上がった納豆中に生存していると、流通過程でカビとして発生することがある

資料：Ⅷ　製造工程における微生物制御とHACCP, P261
注　＊菌の被り：菌苔、菌叢ともいう。豆の周囲を菌がおおいつくすこと。

直接の通路を設けてはいけない。

(2) 大豆洗浄時での汚染

豆洗機のある洗浄室は原料室と同室か、隣室に設け、製造場への通路があってはならない。

原料大豆を豆洗機にあけるとき、大豆のほこりが舞い上がり汚染源となる。大豆が豆洗機に投入され、水に浸った時点でほこりの問題は解消し、水で洗浄された大豆の微生物附着数は10^5～10^4から減少して10^3～10^2となる。

(3) 浸漬槽周辺での微生物の繁殖

洗浄によって大豆の付着菌数は減少するが、浸漬水の温度が高くなると微生物が増殖し、通常10^3の菌数が25～30℃では10^6にも達する。

このような微生物の繁殖は、大豆の栄養分を減少させ、微生物が生産する発酵代謝物が納豆菌の繁殖を阻害する。

浸漬を終了すると浸漬水を排水するが、必ず排水溝まで導いて放流しなければならない。浸漬水は雑菌の濃縮物なので、絶対に工場床に流してはならない。次の蒸煮工程で無菌になったはずの蒸煮大豆や納豆製品から大腸菌群が検出される原因は、床に排水した浸漬水の跳ね返りに由来している。

浸漬終了後の浸漬タンクの洗浄には必ず、弱アルカリ洗浄剤を使い、清潔な無菌状態にして再び使用する。木桶のような微生物が侵入する材質のものは使わないこと。

(4) 蒸煮缶周辺での微生物の繁殖

この場所で注意を要することとして、浸漬室が上階にある場合等、浸漬室からの雫が滴下して蒸煮缶周地を汚染する場合がある。

終了後は蒸煮缶から排出された煮汁を、完全に弱アルカリ系の洗浄剤で除去することが必要である。栄養物が床に残れば微生物の発生源ともなるので充分な清掃が必要である。

(5) 納豆菌接種時の汚染

納豆菌は液体のものと粉体のものが販売されている。小量生産の場合、粉体のものは問題ないが、液体の場合はほとんど２５０ccで50俵用、１００俵用となっているので開栓の回数が多く雑菌に汚染されやすい。この場合、煮沸殺菌したガラス共栓びん（25～30cc）を数本用意し、小分けして冷蔵庫に保管するとよい。

納豆菌は殺菌水で希釈し、希釈菌液として接種作業を行う。殺菌水はその都度、飲料水を煮沸・冷却の上、使用する。

納豆菌接種に使用する器具類は、使用の都度、弱アルカリ性の洗浄剤で洗浄、煮沸殺菌して次の生産に備える。

(6) 充填機および周辺の殺菌

① 手作業充填の場合

納豆菌接種後の煮豆を受ける容器ならびにヒシャク、カップ、シャモジなど充填作業に用いる小道具類は弱アルカリ洗浄剤で洗浄し、すすぎ洗いの後、熱湯殺菌を行う。その後、乾燥させ清潔にして使用する。

充填作業中、作業者の手指が容器や小道具類と直接接触するので、作業前、手指の洗浄や殺菌を行い、手指からの雑菌汚染（大腸菌群など）を防止する。

納豆菌接種に使う煮豆移動ホッパーや自動充填機のホッパー、シューター、計量シャッター等は、煮豆の付着する部分は分解し弱アルカリ洗浄剤で浸漬洗浄、すすぎ洗い、熱湯殺菌、乾燥して次の生産に備える。

充填後の容器は、台車上のコンテナに収容されるが、使用するコンテナおよび台車は、発酵に使用するものと、外部搬送用に使用するものときちんと分けて使用する。

コンテナおよび台車は、弱アルカリ洗浄剤で浸漬洗浄するかコンテナ洗浄機で洗浄後、水ですすぎ洗いし、風乾して使用する。

② 発酵室、冷蔵庫、製造室、冷蔵庫等

発酵室の機器は注意深く、天井・壁・床等弱アルカリ洗浄剤を撒布機で付着させ、水ですすぎ洗いをし、乾燥して使用する。

製造室の水に濡れる部分は作業終了後、弱アルカリ洗浄剤で全室、排水溝も含めて洗浄する。包装場などの乾燥部分は清潔なモップ等を使い洗浄・乾燥させる。

輸送車内部、搬送用コンテナ等も充分に洗浄し、衛生的管理措置が行われるようにする。

(7) その他の問題点と補遺

① 動物、昆虫の侵入防止・ファージ対策

現在は納豆による中毒など考えられないが、1955（昭和30）年に千葉県や東京都で、56年には横須賀で55名のサルモネラ食中毒が発生したことが衛生試験所報告に残っている。いずれもネズミの媒介によるもので、その後、県条令で藁苞《わらつと》の殺菌が義務づけられるようになった。

ネズミや昆虫は、食品の安全性に重大な脅威を与えるので、加工施設内には絶対に侵入させてはならない。窓・ドアおよび換気扇などの網目スクリーンは有効であり、排水溝には蓋をすることが必要である。

② 従業員の衛生

病原性大腸菌や黄色ブドウ球菌などヒトの病原菌も、蒸煮大豆に納豆菌を接種し、容器に充填するまでの工程で起こりやすい。この作業に携わる従業員の手指の洗浄殺菌などを確実に行うことが必要である。

とくに、食品を介して伝播される病気の保菌者と考えられる人は、食品加工施設に入れてはいけない。また、製造従事者は常に清潔な衣服・帽子・マスクを着用することが必要である。

③ 弱アルカリ洗浄剤による洗浄について

納豆工場で対象となる汚れは、大豆タンパクと脂肪である。洗浄と製造機械・器具や環境などの多様な洗浄場面を考慮した場合、弱アルカリタイプの洗浄剤が適切である。

通常、洗浄濃度0.25～1.0％、洗浄温度20～42℃、洗浄時間10分以上で、浸漬洗浄、ブラシ洗浄が適している。

洗浄対象物の表面から、全体的に汚れを水で除去する（予備洗浄）。

弱アルカリ洗浄剤溶液をかけるか、洗浄剤溶液中に浸漬して汚れや雑菌のフィルム（膜）を離れやすくする。10分以上接触させる（本洗浄）。

水ですすぎ、浮き上がってくる汚れおよび洗浄剤の残りを除去する（すすぎ洗い）。必要に応じて、各種殺菌剤および熱湯などでの殺菌を行う。

第6章

納豆の栄養・風味・生理機能性

納豆は、タンパク質や脂質の補給源として米食中心の日本型食生活に溶け込み、また、醤油の味付けにより、古くから食事の娯楽性を高めてきた。

納豆の薬効は、漢方における生薬のように納豆を愛する人たちに語り継がれてきたが、明治20年代には、納豆は微生物学研究の対象となった。東京農科大学（現東京大学）の矢部規矩治氏による〝On the Vegetable Cheese, Natto〟が日本における納豆の科学的研究の第一号であり、日本の伝統食品〝納豆〟の存在が広く欧米にまで紹介された。

以降、科学の発達とともに微生物学、栄養学、生化学、医学などの研究が相次ぎ、その神秘性が少しずつ解明され始めた。

納豆は日本人にとってもっとも有効な栄養供給源として、また、健康維持に優れた効能をもつ食品として不思議な菌食効果が期待され、愛好されてきたが、近年センセーショナルな研究発表がなされた。それは1982年シカゴ大学で研究中の生化学者・須見洋行博士によって成された血栓溶解酵素・ナットウキナーゼの発見であった。

納豆の発酵中に生成されるタンパク分解酵素の一種であるナットウキナーゼが血栓を溶解するというものであり、納豆を摂取することにより血栓症の予防や、心臓血管系の強化につながるというものであった。不思議なことに納豆のなかには、これと相反する血液凝固因子、ビタミンKが存在することなど、人体との深いかかわりに驚嘆せざるをえない。

古来、伝統食品の存在は、人知の結果であるなどといわれているが、人知をはるかに超えた存在なのである。

そして世界一の長寿国日本が海外からも注目され、納豆がその要因の一つとして注目され始めた。

われわれ納豆業関係者は一体となって「ナットウキナーゼ」を旗印に、国内のみならず世界全体に納豆の普及に努めた。

しかし、もっぱらこの効果に異論を唱える問題が噴出した。

この納豆の健康ブームを生み出し、納豆の消費量を高めたナットウキナーゼが疑問視され始めたのである。

日本の納豆製造業団体「全国納豆協同組合連合会（略称・納豆連）」では、正確な、最新の研究結果を正しく社会に伝えるよう、各界の納豆研究の権威者に依頼し、「納豆健康学セミナー」を毎年開催し続けている。

古くからの伝統食品である納豆が、現代科学による解明を受け、新しい健康食品として正しく認識され、現代社会に貢献・寄与していることは誠に喜ばしいことである。

以下に「納豆」の栄養・風味・生理機能性を列記するので、製造した納豆とともに納豆の素晴らしさを消費者の方々に是非伝えていただきたい。

1 納豆の栄養（一次機能・栄養機能）

(1) 納豆の栄養価

納豆は大豆自体のバランスのとれた優秀な成分組成を基本とし、植物性食品のなかでタンパク質、油脂、繊維、ミネラル、ビタミンなどの構成が理想的で、栄養価の高い食品である。

大豆は昔からドイツで〝畑の肉〟と称えられ、近年アメリカでは〝大地の黄金〟と呼ばれている。

タンパク質のみを牛肉や鶏卵と比較しても、納豆100gは卵3個、牛肉80gに匹敵する（図表6－1）

(2) 納豆の消化率

納豆の特筆すべき特徴としては、消化率が高い点である。つまり、消化吸収の良い効率的

（注）
・納豆のタンパク質16.5g／100g
・鶏卵のタンパク質12.3g／100g
鶏卵S・Mサイズ平均55g
中身重量＝85%
（鶏卵1個中のタンパク質）
55g×0.85＝46.75g
46.75g×0.123%＝5.75g
比較すると16.5g／5.75g＝2.9個≒3個

・牛肉のタンパク質19.0g／100g
比較すると16.5g／19.0g＝0.87よって約87g

図表6－1　納豆の栄養成分

（100 g中）

	単位	蒸し大豆	糸引き納豆	栄養所要量	摂取割合（%）
エネルギー	kcal	205	200	2,650	7.5
水　分	g	57.4	59.5	-	-
タンパク質	g	16.6	16.5	65	25.4
脂　質	g	9.8	10.0	20 ～ 30	-
炭水化物	g	13.8	12.1	50 ～ 65	-
食物繊維	g	8.8	6.7	21 以上	31.9
カルシウム	mg	75	90	800	11.3
鉄	mg	2.8	3.3	7.5	44.0
亜鉛	mg	1.8	1.9	11	17.3
ビタミンK	μg	11	600	150	400.0
ビタミンB_1	mg	0.15	0.07	1.4	5.0
ビタミンB_2	mg	0.10	0.56	1.6	35.0
ナイアシン	mg	0.9	1.1	15	7.3

資料：文部科学省「日本食品標準成分表2015年版（七訂）」、厚生労働省「日本人の食事摂取基準」（2020年版）
注　：栄養所要量は、18～29歳男子（身体活動普通レベル）1日当たりの推奨量。
摂取割合＝納豆100 g／栄養所要量×100。

食品名	歩留り (%)	消化率 (%)	栄養量 (100g当たり)
煮豆	98	68	67
いり豆	98	60	59
きな粉	90	83	75
豆腐	52	95	49
納豆	90	85	77

資料：望月英男、1961
注　：栄養量＝歩留り（% /100）×消化率（% /100）× 100

図表6－2　大豆および大豆加工品の消化率と栄養量

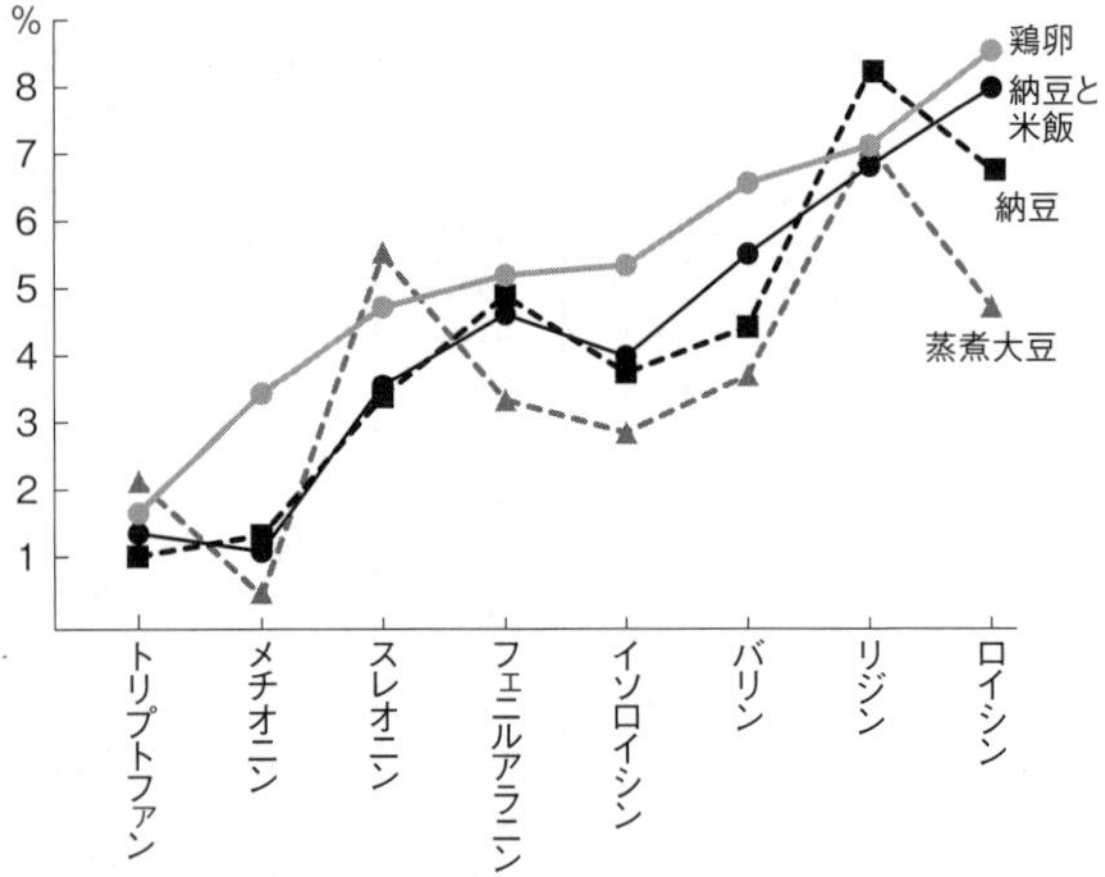

○鶏卵タンパク質のアミノ酸の組み合わせがもっとも良いものとされ、タンパク質の効果を見る尺度とされている。
○ここでは必須アミノ酸量（ヒスチジンを除く、子どもでは必要）の合計量で割って全体のアミノ酸中何％含まれるかを示した。

図表6－3　食品のタンパク質中必須アミノ酸の割合

な食品なのである（図表6―2）。

蒸煮大豆に納豆菌が繁殖し発酵すると、大豆の成分は納豆菌によって分解されて食べやすくなり、さらに、消化吸収されやすくなる。納豆の消化率は大豆の煮豆の68％から85％に上昇し、栄養量も大豆食品のなかで抜群となる。

(3) 米飯との同時摂取によるタンパク価の向上

米飯と納豆を一緒に食べると、タンパク価が向上する（図表6―3）。

米飯中心型の食生活では、必須アミノ酸のなかで米飯ではリジンが、納豆ではメチオニンとシスチンの含硫アミノ酸が不足している。米飯と納豆を一緒に摂取するとアミノ酸組成が大きく改善され、合理的な組成となるのである。

(4) 発酵によるビタミン類の増加

納豆のビタミンB_2は、煮豆の6倍にもなる。納豆では、ビタミンKがほかの発酵食品の数百倍も生産される。

2 納豆の風味成分（二次機能・感覚機能）

現在の納豆は、熟成後の低温による流通管理がよく行き届いているので、昔の製品のような独特な臭気もなく、消費者が納豆という発酵食品を食べる楽しみがうすれてしまったのではないかとさえ心配するほどさっぱりしている。さらに、添付されているタレでカバーされた納豆は、本来の風味が消え、タレの味が前面に打ち出され、これが納豆であるといって良いのか、疑問に思うときもあるが、ここでは発酵による納豆の風味について述べてみる。

発酵工程中発酵後期の納豆菌の栄養細胞は、除々に体内に胞子を形成させ、納豆菌は少しずつ自己分解を始める。細胞壁と細胞膜が溶解して細胞内物質のタンパク質や菌体内酵素、ビタミン、香気成分などが大豆表面に分散し、組織内に浸透して発酵が加速される。肉眼で見える粘質物の生成と、かすかな納豆の菌苔、菌叢《そう》の溶解はこの時期で、納豆菌の栄養細胞はわずかながら死滅していく。

先述したように納豆造りをほかの発酵食品にたとえるならば、前期・中期は麹づくり、後期はもろみづくりであり、後期に酵素作用が盛んに行われる。

(1) タンパク質による風味

すべての発酵食品では、微生物の自己消化分解以降、味の形成が行われる。納豆においても納豆菌の生産する酵素のうち、大豆タンパク質は、とくにプロテアーゼやペプチダーゼの作用によって分解される。発酵開始後16時間後には納豆のアミノ酸遊離率は11％にも達する。並行して有機酸類の生成も行われ、うま味が一段と増してくる（図表4―11「納豆中の遊離アミノ酸」参照）。

納豆の味は淡泊なものであるが、グルタミン酸がうま味の主役である。その他の遊離アミノ酸も苦みや渋みを添え、これとともに発酵によって生産させるコハク酸や大豆由来の酢酸・乳酸などの有機酸が複合して、納豆の飽きのこない味を形成している（図表4―12「糸引き納豆の有機酸」参照）。

(2) 炭水化物による香味

納豆特有の香味成分としては、イソバレリアン酸、ジアセルチル、テトラメイルルピラジン等があげられている。良い原料で良い発酵が行われた製品は、甘みのある快い芳香を添える。

このように納豆のおいしさは、納豆菌の繁殖と発酵により、大豆タンパク質や炭水化物などが分解されて形成される。タンパク質はアミノ酸に分解され、炭水化物によって有機酸類や香気成分などが形成され、納豆の味と香りがつくられるのである。

3 納豆の生理機能（三次機能・身体調節機能）

納豆は、前述した2つの機能のほかに「生体調節機能」をもった機能性食品であり、注目されている。生体調節機能とは、生体防御、体調リズムの調節、老化抑制、疾患の防止、疾病の回復等の機能をもつものである。「機能性食品の条件」としては、次の8項目の条件を備えていなければならない（京都大学名誉教授　千葉英雄氏）。

・目的志向型の効果発現性を有すること
・化学構造が解明されている機能性因子が含有されていて、その形態が判明していること
・機能性因子の作用機序が、できれば分子レベルで解明されていること
・経口摂取で効果が発現されること
・安全であること
・食品中に安定に存在し得ること
・食品としての受諾性を有すること
・食品としての摂取形態にバラエティーがあること

(1) 大豆のもつ機能性成分

大豆の注目すべき栄養・機能性成分として、イソフラボン、レシチン、サポニン、タンパク質、カルシウム、亜鉛、マグネシウム　食物繊維などが知られている（図表6―3）。

① イソフラボン

大豆に含まれる女性ホルモン様物質。大豆を発酵させるとイソフラボンの分子の表面についている糖の鎖が切れて、アグリコンという分子に変化する。イソフラボンアグリコンは、免疫力の増強に加えて、がん細胞の増殖を抑え、がん治療の放射線による免疫低下を防ぐ作用があるといわれている。

また、抗菌作用にもすぐれている。イソフラボンアグリコン1日の摂取量の目安は70～75mgで、納豆の場合は1パック（40g）食べれば60%以上摂取できることになる。

また、大豆に豊富に含まれるイソフラボンは、女性ホルモンのエストロゲン（卵胞ホルモン）と似た構造をしていることから、エストロゲンと似た働きをする女性ホルモン様作用があるとされる。イソフラボンは大豆のフラボノイドの一種で、植物エストロゲンともいわれ、女性ホルモンの分泌が低下したときに、ホルモンの代わりに作用する。納豆菌によって大豆が発酵することで体内への吸収が良くなるため、納豆は女性ホルモン様作用が強くなっているようである。イソフラボンは、大豆の中ではゲニステイン・ダイゼインの形で含まれているが、これらの成分には抗酸化作用もあるといわれている。

② レシチン

レシチンは大豆に含まれるリン脂質で、乳化作

図表６－３ 納豆の成分別 薬効・効用／含有量分析一覧

成分	薬効・効用	含有量（納豆100g当たり）		同成分が多く含まれるその他食品（可食部100g当たり）	
タンパク質	美容・二日酔抑制・抗菌・殺菌肝機能障害・風邪インフルエンザ	糸	16.5g	かつお生 若鶏 さけ	25.8g 22.9g 20.7g
		挽	16.6g		
ビタミンB_1	抗菌・肝機能障害・風邪インフルエンザ	糸	0.07mg	豚挽肉 うなぎ蒲焼 玄米	1.22mg 0.75mg 0.16mg
		挽	0.14mg		
ビタミンB_2	美容・肝機能障害・風邪インフルエンザ	糸	0.56mg	豚レバー 干し椎茸 うなぎ蒲焼	3.6mg 1.4mg 0.74mg
		挽	0.36mg		
ビタミンE	美容・生活習慣病・風邪インフルエンザ	糸	1.2mg	アーモンド 大豆油 マヨネーズ	31.2mg 19.5mg 17.7mg
		挽	1.9mg		
ビタミンK	骨粗鬆症予防	糸	870μg	パセリ モロヘイヤ おかひじき	850μg 640μg 310μg
		挽	1,300μg		
カルシウム	骨粗鬆症予防	糸	90mg	干しえび 干しひじき プロセスチーズ	7,100mg 1,400mg 830mg
		挽	59mg		
マグネシウム	美容・二日酔抑制・抗菌・風邪インフルエンザ	糸	100mg	アーモンド きな粉 落花生	290mg 240mg 170mg
		挽	88mg		
鉄	貧血	糸	3.3mg	干しひじき 豚レバー あさり	55.0mg 13.0mg 3.8mg
		挽	2.6mg		
亜鉛	美容・二日酔抑制・抗菌	糸	1.9mg	かき 豚レバー 帆立	13.2mg 6.9mg 2.7mg
		挽	1.3mg		
カリウム	美容	糸	660mg	干しひじき ほうれん草 干しかき	4,400mg 690mg 670mg
		挽	700mg		
食物繊維（水溶性）	美容・ダイエット・生活習慣病・ガン予防	糸	2.3g	しろきくらげ 切干大根 プルーン	19.3g 3.6g 3.0g
		挽	2.0g		
食物繊維（不溶性）	美容・ダイエット・生活習慣病・ガン予防	糸	4.4g	干し椎茸 切干大根 ライ麦パン	38.0g 17.1g 3.6g
		挽	3.9g		
リノール酸	生活習慣病	53.0mg		サフラワー油 豆味噌 大豆油	76.4mg 54.0mg 52.7mg
イソフラボン	美容・二日酔抑制・抗菌・生活習慣病・血栓症抑制・ガン予防	106,000μg		きな粉 大豆煮豆 油揚げ	258,900μg 75,200μg 73,600μg
レシチン	美容・二日酔抑制・抗菌・生活習慣病予防・肝機能障害	大豆100g当たり0.9g			
セレン	ガン予防	234μg			
サポニン	美容・二日酔抑制・抗菌・生活習慣病・ガン予防・風邪インフルエンザ				

資料：「世界が注目する素晴らしい機能性加工食品「納豆」新薬効・効用レポート」倉敷芸術科学大学生命化学科　須見洋行教授監修
注　：糸：糸引き納豆、挽：挽き割り納豆。

用によって血液中のコレステロールが血管壁に沈着するのを防ぎ、血流を良くするとされる。また、肝臓が正常に働いていれば、コレステロールが過剰につくられることはない。レシチンは肝臓の細胞膜の材料でもあり、肝機能を高め、過剰なコレステロールの合成を防いでくれる。

コレステロールには、いわゆる善玉コレステロール（HDL）と悪玉コレステロール（LDL）がある。LDLが過剰になると、それが酸化されて酸化LDLとなり、動脈硬化などの原因になる。しかし、レシチンはLDLを減らし、HDLを増やす働きがあるといわれている。結果的に動脈硬化の予防も期待できる。

また、細胞膜の表面にある糖タンパクや糖脂質と結びつくことができる特異な脂質で、免疫細胞であるリンパ球のB細胞によって作られた抗体と同じような働きをすることが知られている。抗体には病原菌と戦うとともに、細菌が作り出した有害物を無毒化させる作用もある。レシチンも同様の作用があるとされ、納豆は消化・吸収が良いことから効果的に摂ることができる。

③ サポニン

サポニンは大豆に豊富に含まれる活性成分で、免疫細胞のエサ（活力）となるとされる。納豆を食べてエサを多く摂ることで、免疫を高めることができる。

また、サポニンは配糖体の一種で抗酸化作用があり、血液中の過酸化脂質の生成を抑えることから、コレステロールや中性脂肪の抑制、血栓の防止による動脈硬化予防が期待される。さらに、皮膚細胞が傷つくことを抑え、再生を進めることから美肌づくりに役立つとされる。肝機能を高めることから、エストロゲンの分泌を高めるといわれている。

④タンパク質、カルシウム

ヒトの骨の構成成分のうち、25％ほどはタンパク質である。このタンパク質の間にカルシウムなどのミネラルを含んで骨が形成されている。ゆえに、骨を丈夫にするにはカルシウムの補給とともに、タンパク質も必要である。納豆の材料である大豆はタンパク質が豊富で、しかもタンパク質を構成するアミノ酸20種類のうち18種類が含まれている。

カルシウムは、タンパク質を構成するアミノ酸のバランスが取れた食品と一緒に摂ると吸収率が高まることが知られている。納豆はカルシウムが多く、かつ、タンパク質のアミノ酸のバランスが良いことから、カルシウムの吸収率を高め、骨粗しょう症予防に役立つといえる。

⑤亜鉛、マグネシウム

細胞は、酵素の化学反応によって新陳代謝をはじめさまざまな働きを行っている。酵素が働くときには、その働きを補助する補酵素が必要になる。亜鉛は約２００種類、マグネシウムは約３００種類の酵素の補酵素となっていて、皮膚細胞の再生のためにも、この2種類のミネラルは効果を発揮する。酵素は肝臓でアミノ酸を材料にして作られるが、肝臓は酵素が非常に多く、亜鉛とマグネシウムによって働きが促進される。これらは酵素を増やし、働きを高めるためにも役立つ。

亜鉛はタンパク質の合成にも働き、傷の治りを早める。また、胃粘膜の修復にも効果を発揮し、胃潰瘍《かいよう》の改善にも一役買っている。

糖質は、筋肉細胞に取り込まれてエネルギー化されるが、これに欠かせないホルモンがインスリンで、インスリンが働くときには亜鉛が必要となる。亜鉛が不足すると糖質がエネルギー化されにくくなるだけでなく、筋肉細胞に取り込まれなかった糖質は血液中で濃い状態になり、中性脂肪に変わる。また、亜鉛にはコレステロールの血管壁への沈着を減らす作用もあり、肝臓が正常に働くことでコレステロールの過剰な合成を抑制する。

一方、マグネシウムは、神経の興奮を鎮める作用があり、ストレスがかかるとマグネシウムの消費量が高まる。肉や加工食品、清涼飲料水に多く含まれるリンはマグネシウムの吸収を妨げるので、これらの食品を食べるときにはマグネシウムの補給が欠かせない。

⑥ 食物繊維

食物繊維は腸壁を刺激して、腸内細菌の善玉菌を増やし、便通を促進する。便秘になると悪玉菌が増え、悪玉菌が作り出す毒素は肝臓で解毒されるが、解毒しきれなかったものは皮膚細胞まで運ばれる。これが便秘にともなう肌荒れの原因となる。

食物繊維には水溶性食物繊維と不溶性食物繊維とがあり、後者は腸壁を刺激しやすいものの、便を硬くする作用もある。それに対して前者は便を軟らかくする作用があり、便通の促進には両方を摂ることが大切である。納豆には水溶性食物繊維が2・3％、不溶性食物繊維が4・4％とバランスよく含まれている。

この水溶性食物繊維は胃の中で溶けて、余分に摂ったブドウ糖をはじめとした糖質・脂質の一部を包み込んで吸収を妨げ、体外に排泄する作用がある。腸内では、コレステロールを吸着して体外に排泄する。また、ゲル状となって胆汁酸を排泄する作用もある。胆汁酸として排泄されると、その分だけ肝臓のコレステロールが低下し、血中コレステロールが肝臓に戻るようになり、結果的に血中コレステロールが低下することになる。

(2) 発酵により生成される栄養・機能性成分

大豆が発酵されて納豆になる過程で特筆される栄養・機能性成分として、納豆菌、ポリグルタミン酸、ビタミンK、ビタミンE、ビタミンB_1、ビタミンB_2などがあげられる。順に記述する。

① 納豆菌

大豆を発酵させて納豆を作る納豆菌は、熱に壊れにくく、腸内でも発酵を進めて、腸内環境を酸性化させる。腸内が酸性化すると、そこに棲みつく善玉菌は増殖しやすくなり、反対に悪玉菌の増殖は抑えられる。納豆菌は食物繊維があると腸内での働きが盛んになるので、食物繊維も豊富に含む納豆を食べることで、整腸作用が高められる。食品から摂った善玉菌は、腸内では1日ほどしか定着しないので、毎日摂ることが大切である。

納豆1g（2~3粒）の中には、100億個もの納豆菌が棲んでいる。消化が良く消化酵素も多いため、栄養補給によって体力を高めることで風邪の予防に役立つ。

また、納豆菌は120℃を超えないと死滅しないほど強く、病原菌に対する抗菌作用もあり、チフス菌や赤痢菌、病原性大腸菌O-157、サルモネラ菌などを抑制する効果があるといわれている。

② ポリグルタミン酸

ポリグルタミン酸は納豆のネバネバの主成分で、アミノ酸の一つグルタミン酸が、鎖のように直鎖状に結合してできた天然のアミノ酸ポリマーである。ポリグルタミン酸は非常に分解されにくく、胃壁を守ったり、腸管で老廃物などの排泄を促進したりする。

ポリグルタミン酸は、皮膚表面に膜を作ること、肌の内側の細胞を活性化させて、アミノ酸など天然の保湿因子を増やすこと、の2つの働きがあり、塗布による美容効果が高い。納豆のポリグルタミン酸は肌を守るだけではなく、肌が本来持っている潤いを保つ機能を高めるとされる。肌荒れや乾燥肌で悩んでいる人は、ポリグルタミン酸が含まれた納豆ローションなどを使用することによって、肌の機能が回復してくるはずである。

③ ビタミンK

ビタミンKは、骨にカルシウムを定着させ、骨からの溶出を抑える働きがある。

ビタミンKは、普段は血液の凝固を抑える成分の合成に関わっているが、出血時には血液凝固因子の合成に働く。ビタミンKが不足すると胃の粘膜が弱くなり、粘膜などから出血があったときに止まりにくくなる。潰瘍の出血抑制に効果を発揮する。

ところで、ビタミンKには、レバー・海藻・野菜などに含まれるビタミンK_1と、納豆・味噌・チーズなどの発酵食品に含まれるビタミンK_2とがある。骨粗しょう症の人とそうでない人を比較すると、血液中のビタミンK_1濃度には大きな差はないが、ビタミンK_2は骨粗しょう症の人は濃度が低くなっていることから、骨を丈夫にするにはビタミンK_2の方が重要だと考えられる。

体に必要なビタミンK_2の約半分は腸内細菌によって作り出されているが、充分量を摂るには、ビタミンK_2が群を抜いて多く含まれる納豆を食べることをおすすめする。

④ **ビタミンE**

ビタミンEの化学名・トコフェロールは、生命の源を意味する。ビタミンEは男性ホルモン・女性ホルモンの分泌を促進する作用があり、たとえば女性ホルモンの分泌が低下しているときには、とくに分泌を盛んにする。

また、乳化作用があり、皮膚細胞の水分と油分のバランスをとって皮膚の状態を良くする。さらに、活性酸素を消去する作用があり、過酸化脂質を減らして血流を良くする。これによって皮膚細胞に新鮮な酸素と栄養素が充分に届けられ、皮膚細胞の老廃物の排出も盛んになる。更年期障害の症状としてみられる頭痛・肩こり・冷えなどの改善も期待される。

リノール酸やレシチンなどの不飽和脂肪酸は活性酸素によって酸化しやすい難点がある。ビタミンEは、抗酸化作用によりこれら不飽和脂肪酸の働きを助ける。酸化したコレステロールを元の状態に戻す中和作用もあり、動脈硬化を予防する。

⑤ **ビタミンB_1**

ビタミンB_1は、糖質が分解されてエネルギーとなるときに働く酵素の補酵素となっている。ビタミンB_1が不足すると、糖質を効果的にエネルギー化することができなくなり、血液中で余った糖質は肝臓で中性脂肪に合成される。この中性脂肪が脂肪細胞に蓄えられて体脂肪となる。

ビタミンB_1は吸収率が50％ほどと低いが、納豆は吸収されやすいので効果的に摂ることができる。また、熱に弱く加熱調理で失われるが、納豆は加熱されておらずそのまま食べることができるので、効果的に補給できる食品といえる。ビタミンB_1は体内にためておくことはできず、食事で摂ったものは1日ほどで失われるため、毎日摂ることが大切である。

⑥ビタミンB_2

ビタミンB_2は、エネルギー化させるのに必要な水溶性ビタミンとして知られている。不足すると、余分になった脂肪が脂肪酸として脂肪細胞にたまっていく。

また、細胞の再生を促し、炎症を抑えるとともに粘膜を正常に保つ作用がある。多く含まれるのは動物性食品であるが、これには脂肪が多く、アレルギーを起こす場合もある。その点、納豆は植物性食品で、消化・吸収されやすい。

ビタミンB_2は大豆に豊富に含まれているが、納豆の場合は納豆菌によって作り出されることから、大豆以上に多くなる。

ビタミンB_2は体内にためておくことができず、食事で摂ったものも1日ほどで失われるため、毎日摂ることが必要である。

(3) 納豆の機能性への疑問視

先述したように血栓溶解酵素・ナットウキナーゼの発見により、納豆が大きく注目されることとなった。それは、納豆を摂取することにより血栓症の予防や、心臓血管系の強化につながるというものであった。

この発表は、かつて死亡率第一位だった血栓症に関わり、しかも、「ナットウキナーゼ」というわかりやすい名称もあって世の中に広まり、納豆業界に与えた影響は甚大なものであった。

ところが、この効果に異論を唱える問題が噴出した。納豆の健康ブームを生み出し、納豆の消費量を高めたナットウキナーゼが疑問視され始めたのである。

① ナットウキナーゼの機能性に対する疑問

その理由の第一は、ナットウキナーゼの分子量が大きく、血中に移行することができないことである。１９９４年に岡山大学薬学部名誉教授・木村聰城郎氏が世界で初めて「小腸では分子量６００以下、大腸では分子量３００以下」しか透過させないことを明らかにしている（Oshikiro Kimura「大腸からの薬物吸収：薬物吸収を支配する物理化学的因子」Biol. Pharm. Bull. 17（2）. 327–333〈1994〉)。

第二に、医学者らから、ナットウキナーゼに血栓溶解作用のあることを証明した論文がないことを指摘されている。

第三に、国立健康栄養研究所の健康食品の安全性・有効性情報として、「ヒトでの有効性については信頼できる十分なデータがない」と書かれているなどである。

② 新たに発見された機能性成分

それでは「本当に納豆には血栓を溶解する力がなかった」のか？ いや、ガリレオ・ガリレイの「それでも地球は動く」のごとく、「納豆には、この期待に応える、いやそれ以上の力が充分に備わっていた」のである。

それが「ポリアミン」であったのである。これについて、次項で詳しく解説する。

(4) 近年の研究により確認された新しい納豆の機能性成分

近年、納豆に関するさまざまな研究が進み、新たな機能性成分も注目されている。ポリアミン、AIM分子、DPP4阻害活性物質について述べる。また、アレルギー抑制に関する最近のコホート調査の事例を紹介する。

① ポリアミン

ポリアミンは、すべての生物の細胞に存在し、細胞の機能や分裂・増殖のために必要不可欠な物質である。ヒトのポリアミンは、プトレスシン・スペルミジン・スペルミンの3種で、体内でも作られるが、成長の終わる時期からは体内での合成量は徐々に低下する。この合成量の低下が加齢の要素の1つとみられ、アンチエイジング物質とされる。

ポリアミンの研究は、自治医科大学大宮医療センター・早田邦康博士による。1997（平成9）年ニューヨークの研究所で、ポリアミンが体の中に起こるさまざまなトラブルを抑える可能性があることを報告した。

ところで、加齢にともなう疾患の発症や進行を誘発する因子として、酸化物質が深く関わっている。酸化物質は炎症によって誘発されるので、炎症を抑制することで酸化物質の産生を抑制できる。

ポリアミンは、加齢にともなって体内で増加するLFA－1という炎症誘発因子を抑制することがわかった。その他、サイトカインという炎症性物質の産生を抑制し、炎症を軽減する。炎症が抑制されると脳梗塞や心筋梗塞の原因である血栓の形成が抑制され、血栓が溶解されやすくなる。ポリアミン濃度の高い食品である納豆や大豆を投与した動物の体内では、血栓ができにくいことが示されている。

ポリアミンは消化管内に入るとそのまま吸収さ

れるため、高齢者でも消化管からの供給によって、体内のポリアミン量が増加する。

　ポリアミン濃度の高い代表的な食品は、豆類やキノコ類であり、納豆のような発酵食品では、微生物の増殖過程で多量のポリアミンが作られる。大豆は、天然の食材でもっともポリアミン濃度が高い。納豆を長期間継続して摂取すると、ポリアミンの一種スペルミンの血中濃度が上昇する。ヒトでは毎日50～１００gの納豆の摂取によって、血中ポリアミン濃度が上昇することが証明されている。

　また、食物繊維は腸内細菌によるポリアミン合成を促進する。すなわち、大豆食品や発酵食品の多い日本食を一言で表すと高ポリアミン食といえ、長寿世界一をになっている。

② ＡＩＭ分子

　ＡＩＭ分子は、ヒトの血液中のタンパク質（apoptosis inhibitor of macrophage）でＣＤ５Ｌとも呼ばれる。脂肪細胞[※1]内に取り込まれ、蓄積した中性脂肪を分解し、肥満や脂肪肝に対するブレーキとして作用すると考えられている。

　ＡＩＭ血中濃度が必要以上に高いと、脂肪滴[※2]の過剰な分解によって高濃度の脂肪酸が細胞外に放出され、炎症を誘導する。それが糖尿病や動脈硬化、あるいは自己免疫疾患などのさまざまな生活習慣病の疾患連鎖を引き起こす。逆に、低すぎると脂肪を分解する力が低下し、脂肪肝が悪化して肝がんなどを引き起こすおそれがある。健康でいるためには、ＡＩＭ値を適正に保つことが重要である。

　太りやすい体質の人ほど血中ＡＩＭ濃度が低

く、太りにくい体質の人ほどＡＩＭ濃度が高いと予想され、太りやすい人と太りにくい人がいるのは、このＡＩＭ濃度が影響していると考えられている（東京大学大学院医学系研究科疾患生命センター分子病態医科学教授・宮崎　徹博士〈２０１０年〉）。

　一方、ヒトの免疫システムで重要なことは、体内で発生した異物・不要物をどのようにして見つけるかということである。近年の研究により、血液中のＡＩＭ分子が異物・不要物の認識機能に重要な役割を果たしていることが見出された。ＡＩＭは、がん細胞などの異物を見つけると細胞の表面にたまるようになる。表面がＡＩＭで埋まった細胞は異物・不要物として免疫細胞に意識され、取り除かれるという。

　ＡＩＭ値を適正に保つには、食生活が大きく影響していることがわかってきている。ある種類の食事がＡＩＭの量を調節している可能性があり、納豆はその一つと考えられている。近年の研究で、納豆を食べ続けるとＡＩＭ値が優位に低下することが明らかになった。これは、昔からいわれている納豆の動脈硬化や糖尿病に対する抑制効果を裏付ける一端になるのではないかと考えられる。

　ＡＩＭと納豆の関連性を科学的に証明し、納豆を食べていれば病気にならないという科学的根拠を与えられるよう、研究が続けられている。

※１　脂肪細胞：脂肪細胞では、脂肪滴が細胞質の大部分を占めている。脂肪滴には、生体のエネルギー源となる脂質を蓄積する役割がある。自然界では、栄養分がかならずしも十分に、あるいは継続的に得られないことがしばしばあり、脂肪滴の形成による栄養分の蓄積は、生存においてきわめて重要なメカニズムである。しかし、栄養過多の環境では、脂肪が脂肪滴に過剰に蓄積されることが肥満、ひいてはさまざまな生活習慣病を

もたらすことが問題視されている。

※2　脂肪滴：脂肪滴は細胞内小器官（オルガネラ）の一種であり、リン脂質からなる単層の膜で包まれている。

③ DPP4阻害物質

糖尿病には、インスリン投与が必要な1型とインスリンの効果的活用が困難となる2型がある。多くの糖尿病患者は2型で、この2型糖尿病の治療薬としてジペプチジルペプチダーゼ4（以下DPP4）阻害薬が開発され、新たな治療薬として定着している。DPP4はペプチドを分解する酵素であるが、2型糖尿病患者はその活性が高くなってインスリン分泌促進作用のあるホルモンを分解してしまい、結果的にインスリンが出にくくなる。DPP4阻害薬は、DPP4のホルモン分解を阻害することにより、インスリンの分泌を促進する働きがある。

肥満になると、DPP4が体内で多く作られるようになってインスリンの分泌が妨害され、血糖値が下がらなくなる。

これまでの研究結果から、タンパク質が原料の発酵食品には、どうやらDPP4阻害物質が含まれているらしいということが推測された。

そのようななか、東京農業大学応用生物科学部教授・館　博博士により、納豆から2種類のDPP4阻害物質が世界で初めて発見された。そして、その働きも食品成分としては比較的強いとわかった。

これまでも納豆の健康効果はよく知られていたが、納豆には血糖値の上昇を防ぎ、糖尿病予防につながる成分が含まれていることが、最新研究で明らかになったのである。

また、複数社の納豆での粒の大きさや納豆菌など条件を変えて[※3]さまざまな試験を実施した結果、納豆のもつＤＰＰ４阻害物質は消化耐性があるため、経口投与も効果的である可能性が高いことが示唆された。

※3　異なる条件：納豆の種類ごとに大きな差異はみられなかったが、納豆の熟成期間が長いほどＤＰＰ４の阻害活性が活発に行われた。

④アレルギー抑制

日本人のうち3分の1が何らかのアレルギーの病気にかかっていると考えられ、今やアレルギーは国民病と呼ばれている。アレルギー疾患は、生活習慣病となる慢性炎症のもっとも早く現われる疾患である。

ゆえに、アレルギーを抑えることができれば、生活習慣病を含む多くの疾患を予防できると考えられる。最近、母親や乳児の腸内細菌叢《そう》が乳児のアレルギーに関連するという調査結果も多く報告され、腸内細菌叢を形成する食品への期待が高まっている。納豆などの発酵食品には、腸内細菌叢に良い結果を与えることもわかっている。

千葉大学大学院医学研究院小児病態学教授・下条直樹博士による調査で、毎日納豆を食べている妊婦から生まれた子どもは、食べていない妊婦から生まれた子どもと比べ、アトピー性皮膚炎になりにくいという結果が得られた。

日本は発酵食品の国であり、今後、納豆やヨーグルトがアレルギーを予防することを検証していくべきだと思う。

第７章　納豆の包装材料および調味料

１　包装材料

(1) 納豆容器

納豆容器の選定は、納豆の発酵と品質に大きな影響を及ぼすので、重要な課題である。

一般の食品は、製造終了後の容器充填となるが、納豆は発酵工程中に粘質物の生成があるため、蒸煮大豆に納豆菌を接種した後、容器に充填してから発酵させることは前に述べた。

図表７―１は、今まで使われた納豆容器の代表的なものである。現在、納豆容器の主流はＰＳＰ容器であるが、郷愁に誘われるのか、懐古的な藁苞《わらつと》をはじめ、多様な容器が使われている。

ご理解頂けると思うが、納豆自体が低価格商品であり、安い包装材料でなければならない上、要求される性能は多岐にわたる。まず、衛生的で無菌であり、機械充填への適応性があり、さらに、発酵中に要求される保温・保湿・除湿・給排気などの機能を備え、冷蔵・流通・保存上での特性を備え、その上食器化まで要求され、廃棄処理方法まで加わると、かなり広範な性格を満足させなければならない。当面の問題点は、使用後の容器回収、再生、焼却などである。

ここに掲げられた容器は古いものから新しいものまでさまざまであるが、生産上では、これら容器の性格に対応するきめ細かい発酵管理が必要となる。すなわち、藁苞・経木・ＰＳＰなどで良い納豆をつくるには、それぞれの発酵技

図表７－１　納豆容器の特性

容器の名称	使用材料	充填機への適正と衛生			発酵工程中に必要な機能			冷蔵・流通保存			その他	
		機械適性	堅ろう	衛生	保温	保水	通気	保温	保水	堅ろう	食器化	焼却
PSP	ポリスチレン	◎	◎	◎	◎	◎	△	◎	◎	○	○	×
プラスカップ	ハイゼックス	◎	◎	◎	◎	◎	×	◎	◎	○	○	×
塩ビカップ	塩ビ	◎	◎	◎	○	◎	×	△	◎	◎	◎	×
ポリ袋	ポリエチレン＋経木	○	△	○	×	○	×	×	○	△	×	×
デラップス	パラフィンコーティングした経木	○	△	◎	×	○	×	×	○	△	×	×
経木	木	×	×	○	×	○	○	×	○	△	×	◎
すだれ	稲わら	×	×	×	○	○	◎	○	○	△	×	◎
つと	稲わら	×	×	×	○	○	◎	○	○	△	×	◎

術が必要なのである。

主流のPSP製容器は、近代的な美観を含め、全機能で比類がない。通気の問題も、容器内の酸素供給、発酵熱、代謝ガスの排出、潜熱による除湿など、容器内の底部および側面の細溝と共蓋上部の多数の針穴によって解決され、これによって生産された納豆の品質が、見違えるほど改良されて需給を支えている。

(2) 納豆容器の具備すべき条件

① 衛生面

食品容器として、さらに、発酵容器として使われるので無菌でなければならない。付着菌のあるものは雑菌汚染品となる。

② 機械適性

正確に同一形状で生産され、材質が堅牢で、少しの外圧でも弛まないことが求められる。

現在、機械適性のもっとも優れているものはPSP容器である。充填工程では、容器供給装置から充填機へ180個／分の速度で送られ、大豆の充填・被膜かけ、たれ・カラシの添加、共蓋の折込、ヒートシールなどが行われる。

③ 発酵工程中の機能

・保温……納豆菌の繁殖・発酵中発生する発酵熱量を逃さず、柔らかな発酵を経過させるために必要

・保湿、除湿……発酵の初期や中期での乾燥は禁物だが、後半は除湿が必要

・吸気、排気……納豆菌の繁殖には酸素が必要であり、発酵工程後半では除湿のため納豆表面から水分を、容器内から発酵代謝ガスを除去する

衛生面での藁苞の欠点は論ずるに足りぬが、

昔の納豆容器としてはたいへん良い性格を持ち合わせていた。これは、藁本体の保水と発酵中の保湿・保温性であり、通気、酸素供給、発酵後半の除湿性などを持ち合わせていたことである。

④ **冷蔵・流通・保蔵**

・保温……発酵終了後、一次冷蔵庫では5℃、出荷冷蔵庫では0℃、流通はマイナス5℃～マイナス10℃の冷凍車で行われる

・保水……外気湿度による乾燥の影響を受けないもの

・堅牢……店頭販売、家庭冷蔵庫への移動に耐えるもの

2 納豆調味液（たれ）

納豆の味は淡泊なものである。第4章の図表4―11「納豆中のアミノ酸とアミノ酸の味」と図表4―12「糸引き納豆の有機酸」をご覧頂きたい。

納豆の味は遊離アミノ酸のうち無味のチロシンを除いて、それぞれの固有の味や有機酸などが複合して形成されている。全体的には、グルタミン酸がうま味の主役であるが、その他の遊離アミノ酸も苦みや渋みを添える。これとともに発酵によって生産させるコハク酸や酢酸、乳酸などの有機酸が複合して、納豆の味を形成している。

また、納豆特有の香味成分としてイソバレリアン酸、ジアセルチル、テトラメチルピラジン等があげられる。良い原料で良い発酵が行われた製品は、甘みのある快い芳香を添えることができる。

　このように納豆のおいしさは、納豆菌の繁殖と発酵により、大豆タンパク質や炭水化物などが分解されて形成される。タンパク質はアミノ酸に分解され、炭水化物によって有機酸類や香気成分などが形成され、納豆の味と香りがつくりだされているのである。

　われわれは、酒の味を甘酸辛苦渋《かんさんしんくじゅう》の五味の調和で表していたが、現代ではこれに旨味が加わり、五つの味質（酸味、苦味、塩味、甘味、旨味）で表される。これは納豆本来の味にも適用でき、淡白であるが調和を見せている。そして、この淡白なおいしさは、毎日食べても飽きのこないものとなっている。俗においしいもの、旨いものは飽きがきて毎日食べ続けることができない。しかし、糸引納豆は「後引き納豆」といわれるくらいに毎日でも食べ続けられるのである。これは、淡白ではあるが、ヒトの食欲をそそる自然の風味があるからである。

　納豆調味料として醤油の良いところは、醤油本来の醸造香が納豆の香りと融合し、さらに、醤油のもつ食塩とうま味成分という両者の味の相乗効果によって納豆のおいしさを引き立たせる点にある。種々、開発の盛んなたれが納豆本来のおいしさ、大豆のおいしさを見失わせ、製品のカバーのみに使われることのないように願いたい。

3 カラシ

　昔、冬になると納豆売りが来て納豆を買うとヘラでカラシをつけてくれるので、カラシは納豆に付き物だと思っていた。カラシは確かにツンとした匂いで辛く、味覚が刺激され納豆がおいしくなり食欲の出たことを思い出す。

ある書によれば、からし粉を水で溶くと、カラシ種子に含まれているミロシナーゼ（チオグリコシダーゼ）という酵素が働いてアリールカラシ油という辛味成分が生成される。これが納豆の発生するアンモニアと反応し、アンモニア臭を打ち消す効果があるという。

確かに、冷蔵庫のない時代にあっては、納豆を2～3日置くとアンモニア臭がプンプンとなったに違いない。食通といわれる人がこのような匂いのする完熟した納豆を好むと聞いていたが、アンモニア臭が除かれ、辛味が付加されれば、さらにおいしかったに違いない。

余談となるが、20年程前の12月初旬、あるメーカーから1ケースも納豆を頂いた。量が多いので近所におすそ分けし、残りを冷蔵庫の奥に入れたまま過ごし、正月明けの1月中旬頃思い出して取り出した。もうチロシンがたくさん出て食べられないだろうと思いながら開封したところ、まるで「金つば」のようで、地が褐色で表面は雪の解けたような状態となり、アンモニア臭はなく、濃厚なアミノ酸と酸味のある濃厚な味の納豆であった。

今でも、この「吟醸納豆」のことを思い出す。これには醤油とカラシがよく合った。しかし、これを造るには冷蔵30～40日を要するため、設備・採算面から実現するには程遠いに違いない。

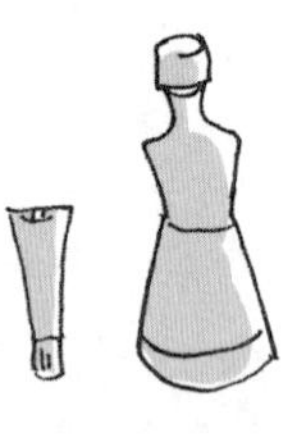

第8章 挽き割り納豆および加工納豆類

1 挽き割り納豆の製造法

挽き割り納豆は、秋田地方で古くから伝承されてきたといわれている。大豆の割砕に水分を少なくする必要があるため、まず、豆を煎る。古来の家庭での製造法では、焙烙《ほうろく》（素焼きの土鍋）で大豆を煎った。冷却後、石臼で潰したものを原料とし、これを水煮して藁苞《わらつと》に詰め納豆とした。

挽き割り納豆は細かく割られた納豆で、種皮がないので食べやすく、幼児や老人にも消化の良い納豆としてつくられ続けてきた。この特性から、学校や病院給食などで、寿司の納豆巻き、パンのペースト、その他業務用の料理材料として広く全国的に利用されている。以下、現代の挽き割り納豆の製造法について述べる。

(1) 原料加工工程

挽き割りに加工するのに、加熱乾燥して割砕する方法と、生のまま割砕する方法がある。以下、加熱乾燥による挽き割り加工について述べる。加熱乾燥する方法は、割に規模が大きな場合に採用されている。

① 乾燥

乾燥機は蒸気を熱源とする熱交換方式で、缶体85℃、大豆品温50℃に保てるようリサイクル昇降機により大豆を循環させる。装置は、大豆の投入→乾燥→排出までの温度設定と、時間調節が可能。

大豆水分を11%程度にするのに、2〜3時間を要する。

② 割　砕

乾燥後の温度が低下した大豆を、回転歯によって割砕・脱皮する。大豆の2ツ割り・4ツ割り・8ツ割りは、歯の間隔で調整でき、大豆はシャープに鋭角に、割砕できる。

③ 剥皮・風撰

割砕後の大豆を円筒型のパンチング網のなかの特殊な布スクリューでこすりながら剥皮し、風で皮を分離する。

④ 選　別

粒形を整えるため、2種の網目篩《ふるい》で選別する。この装置は比較的大型の設備で、1トン/2〜3時間くらいの処理能力であるが、規模の小さなものも使われている。

⑤ 生大豆のままの挽き割り加工

この方法は、小規模製造の場合に用いられる。加熱乾燥をせず直径150㎜くらいのロール歯2本で割砕し、風撰して豆皮を除去する。大豆の水分が多い場合は剥皮できない。

この方法の良いところは、生のまま挽き割るので大豆に熱変性がなく、良い納豆ができるところである。理想ではあるが、大豆が鋭角に割れず、パンを千切ったようになり、脱皮も充分ではないのが弱点である。

加工能力は、120kg/1時間くらい。これらの方法で大豆の4ツ割り〜8ツ割り程度の挽き割り原料が得られるが、歩留まりは約80%である。

(2) 浸漬工程

丸大豆には種皮と、子葉の外側に堅い柵状細胞があるので、水の吸収は緩やかである。挽き割り大豆は細胞が露出しているため、水の吸収が早い。同時に、大豆成分も流亡するので、粒度によっても異なるが、2・5時間くらいの浸漬で止めなければならない。

この工程で、有用成分のタンパク質や糖類が流亡する。流亡防止のため、浸漬水に食塩を添加し浸透圧を高めておく場合もある。

浸漬終了後は水切りを充分に行う。少量の場合は、ザルで30分くらいが必要である。

浸漬中の成分流亡と過剰な吸水を避けるため、限定給水方式がある。

回転可能な密閉容器中に挽き割り大豆と、これの約80%の70~80℃の湯を入れ、1分間に5~6回転前後の速度で20~30分回転させ、吸水させる方式である。成分流亡などの無駄がない。

(3) 蒸煮工程

大規模工場で連続蒸煮缶を使っているところもあるが、通常はバッチ蒸煮缶である。挽き割りバッチ蒸煮缶には缶内に4段くらいのせいろがあると良い。

工程は1k圧(120℃)15分、0・6圧(113℃)20~30分。終了後、圧力を0まで下げ10~15分蒸らして豆を排出する。

(4) 発酵工程

納豆菌接種後、充填した後で発酵が行われる。挽き割り大豆は、単位重量当たりの表面積が大きくなるのと、種皮がなく細胞物質が露出しているため、納豆菌の栄養吸収も良く、納豆菌の繁殖も速く旺盛であるため、発酵熱量が多く発生する。対数期には品温の上昇が速く高温になるので、

50℃を突破せぬよう注意を要する。

定常期も短く、強制冷却を充分に行う。18～20時間後は発酵室から出して除湿放冷し、一次冷蔵庫に入れ充分に冷却する。挽き割り納豆は、冷却中においても大和糊のような豊富な粘質物生成が行われる。

2 限定吸水方式による挽き割り納豆製造法

(1) 浸漬工程

通常の浸漬法による成分の流失をさけ、一定の水量を吸収させせようとする方法である。

用具は、モーター付回転式密閉容器を使用する。挽き割り大豆　60kg≒84ℓ、70～80℃の湯　50ℓ、134ℓ以上入る混合機を用意する。


湯に挽き割り大豆を入れ、1分間に5～6回転の速度で20～30分回転させ、吸水させる。

(2) 蒸　煮

① 挽き割り大豆用蒸煮缶の場合（下部からの蒸気吹き込み型）

まず、丸大豆2俵120kg用蒸煮缶で60kgを蒸煮する。せいろ4個に7～8割程度挽き割り大豆を入れ、缶内に積み重ね蓋を閉める。上部の排気バルブのみを全開する。

下部の排気バルブより蒸気が吹き出し始めたら、そのまま約10分～25分蒸気を吹き出しておく。

その後、上部の排気バルブを閉めて、下部のドレインバルブを約1／3程度開けて缶内圧力計を見る。圧力約1kg、温度約120℃にて約15分程度蒸煮する。

煮汁を見て、蒸気吹き込みを止める。下部排気バルブを1／2程度開けて徐々に圧力を0まで下げる。そのまま約10分～15分蒸らし、豆を取り出す。

② 普通大豆蒸煮缶の場合（上部からの蒸気吹き込み型）

通常、せいろは使わず、挽き割り大豆2俵分120kgを限定吸水後蒸煮缶に入れ、圧力約1kg、温度約120℃で約15分、または圧力約0・6kg、温度約113℃で20～30分蒸煮する。

この蒸煮缶は上部から蒸気が吹き込まれるが、空の状態で空焚きしドレインを抜いて置くことが必要。ドレインで豆が洗われないように注意する。

(3) 納豆菌接種

通常どおり規定の納豆菌希釈菌液を、煮豆搬送ホッパー内で接種する。もしくは、充填機のフィダーで接種する。

(4) 発　酵

挽き割り大豆は表皮がなく、納豆菌の栄養吸収がよく行われる。しかも、丸大豆に比べ、単位重量当たりの表面積が2・7倍くらいとなる。そのため、挽き割り大豆は発酵熱の発生が多く、品温の立ち上がりも早いので注意が必要である。

対数期の品温を50℃以上にしてはいけない。50℃以上になると、納豆菌の溶菌や褐変反応、（アミノ－カルボニル反応によるメラノイジンの生成）が起こる。

発酵定常期の温度は49～50℃で、3時間ほど保持強制冷却に入る。発酵開始から約15時間後、20℃くらいの部屋に2～3時間放冷し、蒸発潜熱で水分を蒸発させる。以降、一次冷蔵庫に収納する。

このパターンでは、出納豆時には糸引きが弱いが、一次冷蔵庫内で後熟を続けると粘質物が多く発生する。これが糊のような状態となり、良い挽き割り納豆となるのである。

3 雪割り納豆

(1) 雪割り納豆とは

山形県の郷土名物・雪割り納豆は、地元ではゴト納豆といわれている。もともとは、米沢盆地一帯の家庭でつくられていた納豆保存食である。ゴト納豆の語源は、仕込み容器に五斗樽を使ったことからとか、仕込み配合の納豆一石麹五斗からといわれている。

ゴト納豆は、江戸時代前期からつくられていたとされる。冬の間に仕込んでおき、農繁期の田植え時には、ご飯の上にたっぷりとかけ、お湯をかけて食べた即席栄養食品であった。

雪割り納豆の特長は、納豆に麹と塩を加えてつくられた保存食ということである。とはいえ、同じ原料でつくられた米味噌とは異なる風味の発酵食品である。

(2) 雪割り納豆の製法

雪割り納豆は、米麹を加えることで米麹特有の風味をもつ。これにより酒・味噌・醤油にもつながる醸造香と、麹菌アミラーゼが付加される。このように栄養と消化酵素が補強しあって、重労働時の体力消耗を補うことに役立ったものと思われる。

さて、昔の仕込み配合（合計24・0kg）は次のようなものである。

・納豆（挽き割り納豆）１斗（18ℓ）……13・5㎏
・米麹５升（９ℓ）……７・５㎏
・食塩（適量とあるが12・5％とする）…３・０㎏

ゴト納豆を商品化したものが雪割り納豆となった。雪割り納豆は東京にも出荷され、郷土料理店や小料理店で使われている。

4 とうぞう

(1) とうぞうとは

とうぞうは、関東地方でつくられている納豆保存食の一つである。千葉県・房総半島の夷隅郡や市原市周辺および茨城県でつくられていたという。

納豆・米麹・食塩を使うことがゴト納豆に似ている。とうぞうはこれに、干し大根と大豆の煮汁が加わる。

とうぞうとは別に、秋田県横手地方の郷土食でトゾといわれるものがある。大根は使っていないが、納豆と米麹を等量に使っている加工品であり、同類のものと考えられている。

(2) とうぞうの製法

概略と配合（合計15・７㎏）は次のとおり。

・納豆（丸納豆）……１・６㎏
・麹……１・５㎏
・大根……４・０㎏（１㎏×５本×０・８）
・食塩……１・６㎏
・大豆煮汁……７・０㎏

つくり方は、まず、細目の大根を四つ割にして10日間ほど北風にさらして、干し大根にする。

大豆の煮汁は食塩を混ぜ合わせ、米麹を加え撹拌する。

干し大根に熱湯をかけて殺菌洗浄し、食べやすい長さに刻んで漬け込む。ここに納豆を入れ、仕込んでから20日くらい熟成する。

5 そぼろ納豆

(1) そぼろ納豆とは

そぼろ納豆は茨城県でつくられ、食べられている郷土食品である。納豆に切干大根を混ぜ、食塩としょう油で味付けされたもので、お茶漬けや酒の肴として喜ばれている。米麹を加え風味を増したものもある。

(2) そぼろ納豆の製法

配合割合（合計29・0部）は、次のとおり。

・納豆……10・0部
・切り干し大根……10・0部
・食塩……1・5部
・しょう油……1・5部
・麹……6・0部

つくり方の概略を記すと、切り干し大根（水分約35％）は湯通しして少し硬めにもどし、食べやすい大きさに切る。これに納豆・食塩・しょう油を加えて撹拌する。切り干し大根は、あらかじめ味付けをしておいても良い。

夏で4日間、冬で10日間おく。できたら冷蔵庫で保管する。

6 干し納豆

(1) 干し納豆とは

干し納豆は、食品の種類が乏しかった時代に、茨城・栃木県下でお茶受けとして食されてきた。現在は、スーパーや道の駅、ドライブインなどで名残を留める程度に売られている。

納豆市場の拡大にともない食事以外の間食、あるいは食品添加用原料として乾燥納豆の開発が進められる傾向にある。開発の基本は納豆の乾燥法にあり、乾燥法として熱風乾燥法、減圧平衡発熱乾燥法、その他があげられる。

(2) 干し納豆の製造法

① 納豆生産

コンテナに有孔フィルムを置き、接種大豆を4〜5cmの厚みに入れる。有孔フィルムを掛けて発酵させ、1〜2日置く。

② 塩きり

食塩を約3%加えて撹拌し、2〜3日置く。

③ 乾 燥

熱風乾燥機のエビラ（樹脂製コンテナ）に、じかに2cmくらいの厚みで納豆を置き、10時間くらい乾燥させる。

④ 小麦粉添加

半乾きの納豆をほぐしてジョウロで水を打つ。小麦粉をまぶし、再度エビラ上に2cmの厚みで納豆を置く。2〜3時間乾燥させる。

⑤ 粉とり

篩《ふるい》で余分な小麦粉を取り除く。

⑥ 袋詰め

できあがった干し納豆を、80gずつチャックつき小袋に充填し、熱溶着する。

第9章

おいしい納豆の食べ方

地方には納豆汁のような食べ方もあるが、本来は生のまましょう油とカラシを使い、練った納豆をご飯にかけるのが普通の食べ方であった。

近年では、料理人や料理研究家の方々がおいしく食べるレシピの研究をして下さり、和風・洋風・中華風などさまざまな料理法が展開されている。納豆もこんなにおいしくなるものかと感嘆し、納豆の普及にとって、強い味方が現れたものと感激している。納豆の国際化を考えているわれわれにとって、納豆をおいしく食べてもらう調理法こそ、一番手近な実践方法であったと悟った次第である。

調理について、少々気になるのが調理温度である。納豆の栄養ならびに生理活性物質・機能性物質にはたくさんの酵素が含まれており、納豆菌も存在している。納豆を60℃以上の温度に上げることは、これら多くの酵素と納豆菌の失活を招くことになる。したがって、これらの全利用を考えると生が一番良い。

調理で加熱処理する場合、煮・焼・揚・炒・蒸・茹などの工程においては、できるだけ配慮いただければありがたい。ただ、酵素は失っても栄養は充分に残るので、とくに、海外ではおいしく食べて納豆食に慣れてもらうことが一番である。

とくに、酵素力を残す点で、料理研究家の浜内千波先生の調理法は、注意が行き届いている。ここでは、納豆の定番料理を中心に、納豆に含まれる酵素を生かすポイントをご紹介する。

(1) 納豆チャーハン

火にかけた中華なべに、納豆を入れて炒めない。でき上がったチャーハンをお皿に移してから、納豆をのせ、馴染ませながら食べる。

(2) 油揚げの詰め焼き

油揚げに納豆を詰めてから焼かない。あらかじめ焼いておいた油揚げに納豆を詰める。

(3) 納豆汁

味噌汁を火にかけたまま、納豆を入れてかき混ぜることをしない。粘りが出るまで包丁でたたいた挽き割り納豆を、薬味とともにお椀に入れてから味噌汁を注ぐ。

(4) 納豆てんぷら

揚げ物の油の温度は160~180℃にまで上がるので、当然品温も60~70℃に上がり、酵素活性は停止する。

そこで、納豆はてんぷらの具にしない。てんぷらで食べる場合、細かくたたいた納豆に冷ました天つゆを注ぎ、大根おろしを入れ、てんぷらを納豆たっぷりの天つゆで食べる。

(5) 納豆トースト

納豆をパンにのせ、オーブンに入れて焼かない。焼き上がったトーストに納豆をのせる。

(6) 納豆オムレツ

溶き卵に納豆を混ぜた卵液ごと火を通さない。卵が半熟になったら、火からおろして納豆を包む。

(7) 納豆カレー

火にかけた鍋の中のルーに納豆を混ぜない。皿にご飯とルー、卵黄を盛りつけ、その上に納豆をトッピングする。

第10章

納豆業界の現状と将来

1 納豆業界の現状

(1) 生産動向

従来、製造業は関東以北に多く、偏在傾向にあったが、1980年代後半の納豆ブームで納豆の市場が拡大したことを背景に、各社の関西圏での工場建設が始まった。また、大手メーカーも事業拡大を図り納豆市場に参入、九州地方までも営業所や流通センターの開設を行った。さらに、物流コスト削減と鮮度保持を目的に現地工場建設を進め、中規模業者を協力工場に加えて全国展開を続けている。

その後、製造業者が集約化され、零細企業の廃業が続いている(図表10―1)。厚生労働省によると、2018(平成30)年度の納豆製造業者数は458社で、20年前の3分の2以下に減少している。

日配品だけに全国展開できるのは、各地に製造・配送拠点をもつ大手に限られる。特徴のある個性的な納豆を製造する中小メーカーも各地にある。全国納豆協同組合連合会(納豆連)の組合加盟数は100社前後で、中小の販売エリアは限定的だ。ただ、ここ数年は高質スーパーの店舗網が広がり、比較的高価格帯の個性派納豆も露出するようになってきた。量販店の特売品とは一線を画して固定客を確保している。

納豆連が主催する「全国納豆鑑評会」の果たす役割も大きい。2020年2月には、第25回を迎

年度	1999	2000	2001	2002	2003	2004	2005
営業施設数	720	723	692	682	677	677	670
新規	18	29	45	39	34	30	30
廃業	13	32	68	55	39	28	38

年度	2006	2007	2008	2009	2010	2011	2012
営業施設数	661	662	642	641	591	600	580
新規	29	30	28	32	15	21	14
廃業	38	40	42	34	36	38	33

年度	2013	2014	2015	2016	2017	2018
営業施設数	552	530	508	489	475	458
新規	15	16	11	7	8	10
廃業	44	38	34	29	23	27

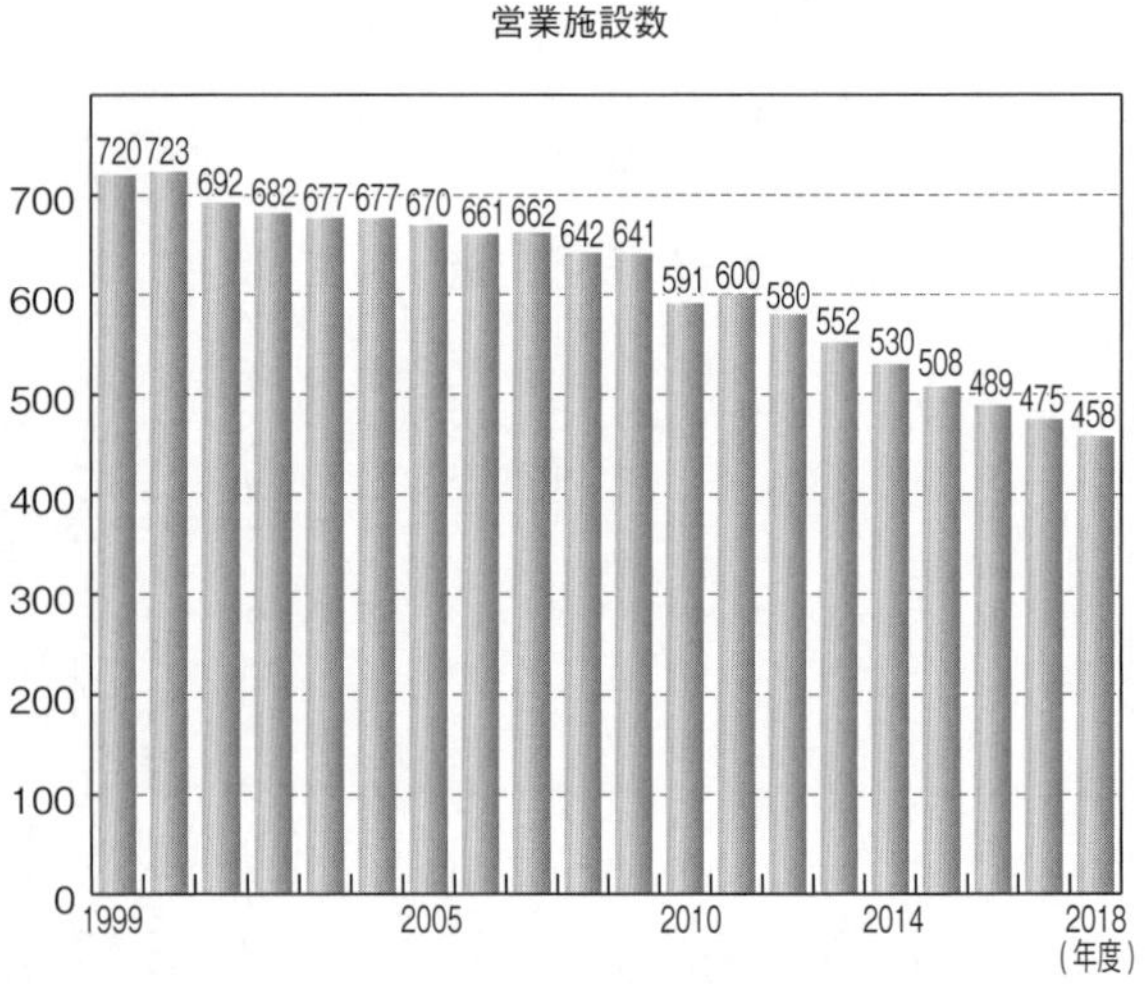

資料：厚生労働省「衛生行政報告例」

図表 10 − 1　納豆製造業営業施設数の推移

えた。同鑑評会は優秀な商品を４つの部門ごとに評価して表彰するもので、おおむね地方の中小規模メーカーの生産する特徴的な商品が入賞し、受賞商品のパッケージに鑑評会で受賞した賞を５年間明記する名誉と農林水産大臣賞が与えられる。20年の出品総数は１８９点だった。これらの商品が高級スーパーの棚にならびやすい。20年の最優秀賞は18、19年の最優秀賞と同じメーカーの同じ商品が３年連続で受賞する異例の結果となった。

(2) 市場動向

納豆連によると、業務用を含めた２０１９年の市場規模は約２５０３億円だったとみられる（図表10―2）。発酵食品ブームの継続、消費者の根強い節約志向、健康機能性の高さから、マーケットは8年連続で拡大し、16年以降は過去最高を更

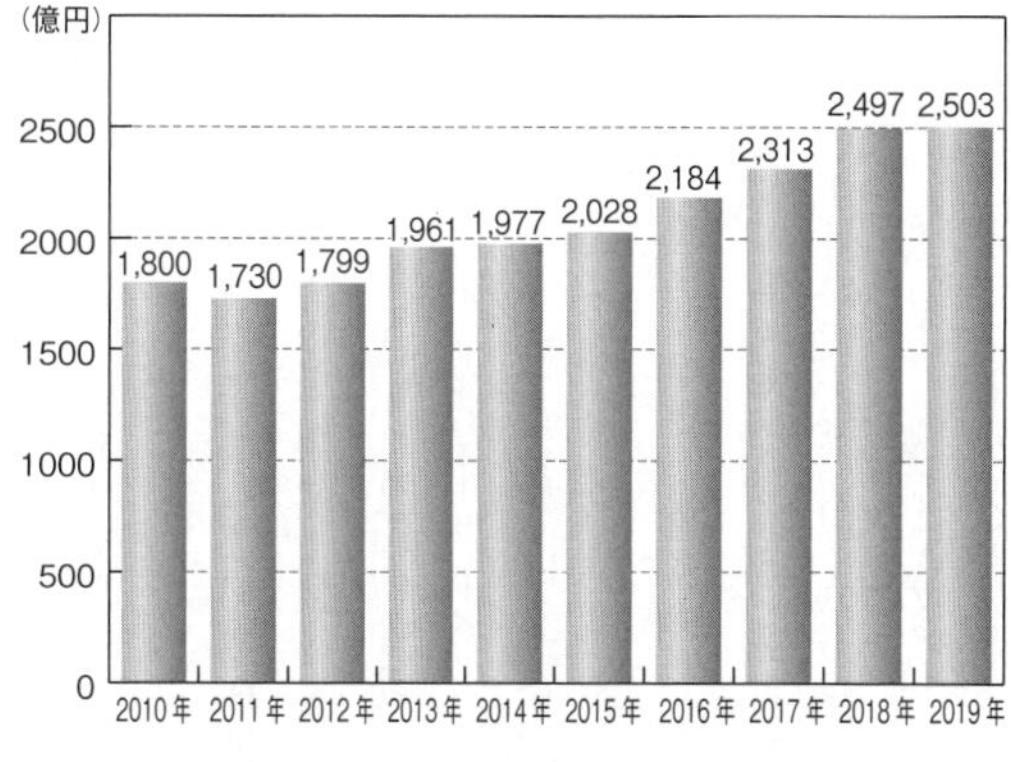

資料：全国納豆協同組合連合会

図表10－2　市場規模の推移

新し続けている。19年の伸び率は、近年では最小となった。ただ、20年に入り、国立がん研究センターが、日常的に納豆を摂取する層は死亡リスクが1割以上低下すると発表、TV番組でも取り上げられたことから、2月以降は特需となっている。メーカーによっては、製造を主力に絞り込んだり、春夏の新商品発売を見送ったりするなどで対応している。

11年には東日本大震災でメーカーの工場が被災し思うように生産できず、前年の1800億円から1730億円にまで落ち込んだ。2000年を100％とした市場規模は89％にまで縮小し、この年は00年以降で最低だった。その後、急回復し、市場は引き続き拡大基調にある。

(3) 消費動向

2014年から6年間にわたり、1世帯当たりの納豆消費金額、業務用も含めた市場規模とも伸長を続け、第四次成長期を迎えているとみられる。

総務省家計調査によれば、2019年の1世帯当たりの年間消費金額は4238円で、18年比ではわずか0・1％増、6円の伸びだった（図表10—3）。1世帯当たり年間消費金額を地域別でみると、福島市（6785円）が全国1位で、水戸市、盛岡市、山形市と続き、最下位は和歌山市（2190円）だった（図表10—4）。

近年では、資材や原材料、人件費が高騰しており、18年4月に、大手メーカーを中心に値上げを実施した。しかし、量販店の売場では、特売の目玉となることが多く小売価格が下がっている（図表10—5）。

年	円
2000 年	3,740
2001 年	3,902
2002 年	4,200
2003 年	4,068
2004 年	4,119
2005 年	3,914
2006 年	3,891
2007 年	3,867
2008 年	3,744
2009 年	3,469
2010 年	3,312
2011 年	3,295
2012 年	3,333
2013 年	3,479
2014 年	3,417
2015 年	3,640
2016 年	3,835
2017 年	3,949
2018 年	4,232
2019 年	4,238

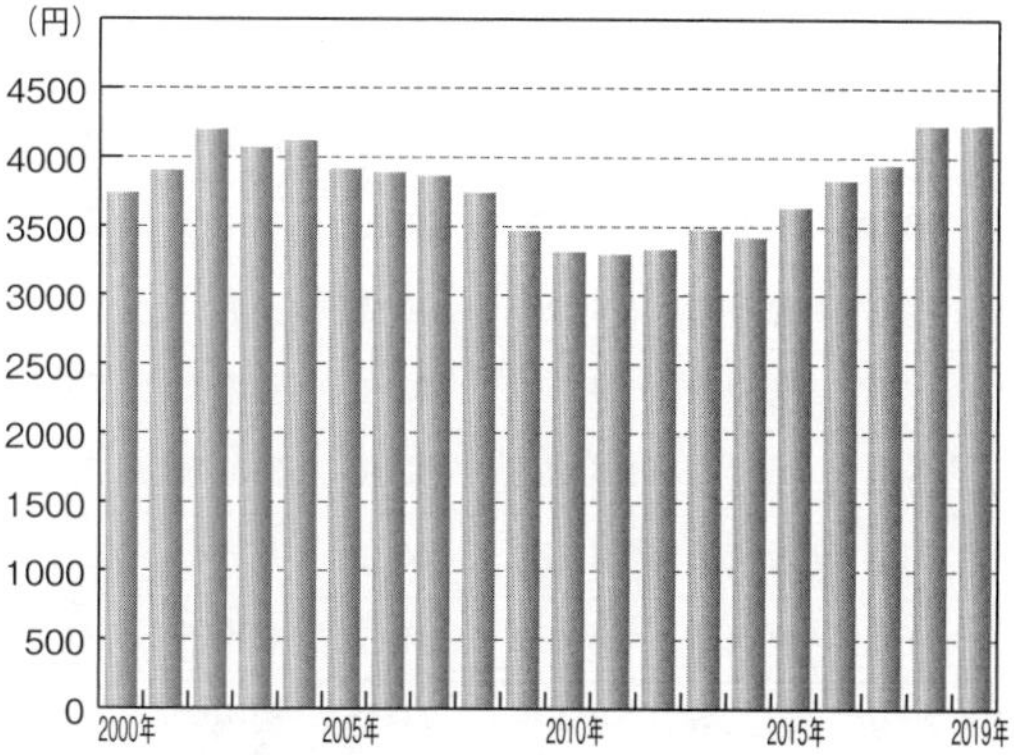

資料：総務省「家計調査」
注　：２人以上の世帯の一世帯当たり年間支出金額。

図表 10 － 3　1 世帯当たりの納豆購入金額の推移

図表10－4　都市別の納豆購入状況

◆支出金額

順位	都市	円
1位	福島市	6,785
2位	水戸市	6,647
3位	盛岡市	6,399
4位	山形市	6,281
5位	長野市	5,934
6位	宇都宮市	5,594
7位	仙台市	5,592
8位	前橋市	5,453
9位	秋田市	5,339
10位	青森市	5,196
11位	新潟市	5,163
12位	富山市	5,121
13位	さいたま市	5,092
14位	福岡市	4,753
15位	千葉市	4,752
16位	札幌市	4,608
17位	熊本市	4,586
18位	横浜市	4,572
19位	福井市	4,482
20位	東京都区部	4,475
21位	佐賀市	4,463
22位	名古屋市	4,408
23位	鹿児島市	4,292
24位	金沢市	4,253

順位	都市	円
25位	静岡市	4,126
26位	岐阜市	4,121
27位	大分市	4,014
28位	甲府市	3,981
29位	長崎市	3,867
30位	大津市	3,767
31位	鳥取市	3,737
32位	奈良市	3,711
33位	岡山市	3,633
34位	広島市	3,546
35位	高知市	3,392
36位	松江市	3,367
37位	宮崎市	3,302
38位	津市	3,196
39位	山口市	2,996
40位	松山市	2,993
41位	徳島市	2,988
42位	那覇市	2,962
43位	京都市	2,822
43位	高松市	2,822
45位	神戸市	2,614
46位	大阪市	2,509
47位	和歌山市	2,190

資料：総務省「家計調査」(2019年)
注　：2人以上の世帯の1世帯当たり年間支出金額。

◆購入頻度 (100 世帯当たり)

順位	都市	回	順位	都市	回
1 位	盛岡市	5,155	25 位	岐阜市	3,386
2 位	福島市	5,126	26 位	鹿児島市	3,356
3 位	山形市	4,896	27 位	名古屋市	3,240
4 位	水戸市	4,604	28 位	甲府市	3,210
4 位	宇都宮市	4,604	29 位	大津市	3,152
6 位	長野市	4,593	30 位	長崎市	3,110
7 位	仙台市	4,529	31 位	岡山市	3,093
8 位	青森市	4,526	32 位	広島市	2,974
9 位	秋田市	4,509	33 位	奈良市	2,970
10 位	前橋市	4,353	34 位	宮崎市	2,903
11 位	富山市	4,263	35 位	鳥取市	2,879
12 位	さいたま市	4,077	36 位	高知市	2,698
13 位	新潟市	4,063	37 位	津市	2,628
14 位	千葉市	4,039	38 位	山口市	2,609
15 位	福岡市	3,979	39 位	松江市	2,533
16 位	熊本市	3,695	40 位	徳島市	2,514
17 位	金沢市	3,629	41 位	松山市	2,443
18 位	札幌市	3,615	42 位	高松市	2,406
19 位	東京都区部	3,584	43 位	那覇市	2,374
20 位	静岡市	3,582	44 位	京都市	2,333
21 位	横浜市	3,541	45 位	神戸市	2,218
22 位	佐賀市	3,536	46 位	大阪市	2,206
23 位	大分市	3,438	47 位	和歌山市	1,898
24 位	福井市	3,427			

資料：総務省「家計調査」(2019 年)
注　：２人以上の世帯の100 世帯当たり年間購入回数。

図表10－5　納豆の平均小売価格

年	円／1パック	
1999	100	「糸ひき納豆」
2000	98	
2001	104	
2002	144 ※1	※1「丸大豆納豆、小粒または極小粒、発砲スチロール製容器入り（50 g × 3個）」
2003	137	
2004	136	
2005	134	
2006	133	
2007	133	
2008	125	
2009	118 ※2	※2「50 g × 3個」または「45 g × 3個」、丸大豆納豆、小粒または極小粒、糸ひき納豆
2010	112	
2011	111	
2012	101	
2013	97	
2014	97 ※3	※3　糸ひき納豆、丸大豆納豆、小粒または極小粒、「50g × 3個」または「45g × 3個」。
2015	96	
2016	95	
2017	96	
2018	95	

資料：総務省「小売物価統計調査」
注　：1．東京都特別区部の値。
　　　2．※は基本銘柄の変更。

一方、納豆原料である大豆の年間消費量は160万tで、納豆に加工すると生産量は31万2000t。これをパック数に換算すると、1パック40gとして、年間で78億個が生産されたことになる。

健康効果の高い割に価格が安く消費が拡大してきたが、18年には大手メーカーを皮切りに出荷価格を順次改定した。納豆は低価格なものであるということが消費者に刷り込まれ、特売品の認識が定着し、実売価格の値上げが消費拡大の急ブレーキになりかねないとの懸念もあった。大きな混乱はみられなかったが、伸長幅が縮小したことから、納豆の消費量が少ない西日本での啓蒙活動が求められる。

2 納豆に関する一般消費者の動向

納豆連では、全国の男女２０００人を対象に、ウェブによる納豆に関するアンケート調査を行っている。２０１９年の調査結果を以下に示す。

(1) 納豆の食状況

図表10―6のとおり、納豆の食頻度についてもっとも高いのは、「2～3日に1回」(20・6%)。ついで、「1週間に1回くらい」(16・1%)「毎日」(15・1%)「全く食べない」(14・4%)と続く。居住地別でみると、近畿と中四国は「全く食べない」がもっとも多くなっている。

(2) 納豆の購入状況

購入する納豆の価格帯について、もっとも高いのは、２０１９年では「90～１００円未満のもの」(26・4%)であった(図表10―7)。次いで「１００～１４０円未満のもの」(18・1%)、「80～90円未満のもの」(14・8%)、「70～80円未満のもの」(14・2%)となっている。約10年前の２００９年の調査では、「60円未満のもの」が2・9%だったのに対し、２０１９年では10・8%に上昇している。一方で、１００～２００円未満で合わせてみると、２００９年の33・5%から２０１９年では21・0%まで減少している。購入価格が年々抑えられている傾向にあることがわかる。

(3) 納豆の好み

好きな「豆の大きさ」への回答でもっとも高かっ

図表10－6　世代別・地域別納豆の食頻度

◆世代別

	毎日	2～3日に1回	4～5日に1回	1週間に1回くらい
全体	15.1	20.6	9.2	16.1
20代	11.1	18.9	9.2	12.9
30代	16.0	20.1	7.5	17.4
40代	15.3	20.6	8.5	18.1
50代以上	17.4	22.5	11.3	15.3

	2週間に1回くらい	3週間に1回くらい	それ以下	全く食べない
全体	7.3	4.6	12.9	14.4
20代	7.1	6.7	16.1	18.0
30代	5.2	5.4	13.9	14.5
40代	10.1	3.4	9.7	14.3
50代以上	6.2	3.2	12.6	11.5

◆地域別

	毎日	2～3日に1回	4～5日に1回	1週間に1回くらい
全体	15.1	20.6	9.2	16.1
北海道	17.7	23.2	10.4	16.5
東北	19.0	25.8	16.6	10.4
関東	16.2	21.9	7.2	17.6
北陸	17.2	21.7	7.8	18.3
中部	11.0	19.2	10.6	19.2
近畿	13.4	15.7	9.5	14.8
中四国	12.8	20.2	5.9	12.3
九州	14.9	19.7	9.2	16.2

	2週間に1回くらい	3週間に1回くらい	それ以下	全く食べない
全体	7.3	4.6	12.9	14.4
北海道	6.7	6.7	12.2	6.7
東北	11.0	3.1	9.2	4.9
関東	7.4	4.5	11.9	13.3
北陸	7.2	2.8	16.7	8.3
中部	6.5	4.1	12.7	16.7
近畿	9.5	4.6	11.5	21.0
中四国	4.9	5.9	17.2	20.7
九州	4.4	4.8	13.6	17.1

資料：全国納豆協同組合連合会「納豆に関する調査」（2019年）
注　：インターネット調査。対象者は、世代別では20代＝434人、30代＝482人、40代554人、50代以上＝530人。地区別では北海道＝164人、東北＝163人、関東＝512人、北陸＝180人、中部＝245人、近畿＝305人、中四国＝203人、九州＝228人。

図表10－7　購入する納豆の価格帯

※納豆を自分自身で購入する人ベース、税込価格

	60円未満	60～70円未満	70～80円未満	80～90円未満	90～100円未満
2009年	2.9	4.3	9.1	13.3	34.2
2011年	6.0	6.5	11.1	13.5	34.2
2013年	9.2	7.7	12.8	14.0	31.5
2015年	8.4	10.2	10.9	13.9	28.5
2017年	10.3	12.8	12.1	14.7	26.0
2019年	10.8	8.9	14.2	14.8	26.4

	100～140円未満	140～200円未満	200円以上	わからない
2009年	27.8	5.7		
2011年	20.4	4.9		
2013年	18.5	4.1		
2015年	20.2	3.8	0.9	3.2
2017年	17.5	3.4	0.7	2.5
2019年	18.1	2.9	1.2	3.2

資料：全国納豆協同組合連合会「納豆に関する調査」(2019年)
注　:インターネット調査。対象者は、2009年＝1,290人、2011年＝1,337人、2013年＝1,332人、2015年＝1,202人、2017年＝1,260人、2019年＝1,225人。

たのは「小粒」(36・4%)であった。ついで「中粒」(24・8%)、「極小粒」(11・9%)、「特にこだわらない」(11・8%)と続いている(図表10―8)。

年代別では、50代以上で粒の小さいものが好まれる傾向にある。20代でも「極小粒」を選ぶ割合が14・9%と多くいる一方で、「特にこだわらない」層も16・8%と他の年代と比べて多い。

地域別でみると、東北では「ひきわり」、関東では「極小粒」、中四国で「小粒」、九州で「中粒」を選ぶ割合が、他の地域に比べてそれぞれ高くなっている。

3 途上国への栄養補給

1945(昭和20)年、大戦終結後の日本は、まさに飢饉の時代であった。

図表10－8　もっとも好きな「豆の大きさ」

◆年別　※自分自身で納豆を食べる人ベース

	極小粒	小粒	中粒	大粒	ひきわり	特にこだわらない
2007年	13.1	49.7		15.2	7.4	14.5
2009年	11.3	54.1		15.1	5.1	14.4
2011年	12.5	38.9	24.1	6.9	5.3	12.3
2013年	11.9	36.5	24.2	8.3	7.2	12.0
2015年	8.7	36.7	25.9	7.5	7.8	13.3
2017年	13.1	36.8	23.0	7.9	7.6	11.6
2019年	11.9	36.4	24.8	6.7	8.3	11.8

◆年代別（2019年）

	極小粒	小粒	中粒	大粒	ひきわり	特にこだわらない
20代	14.9	31.7	24.8	5.6	6.2	16.8
30代	9.9	36.4	30.4	4.7	8.8	9.9
40代	9.8	37.5	23.6	8.2	9.2	11.7
50代～	13.5	38.9	21.3	7.8	8.8	9.7

◆地域別

	極小粒	小粒	中粒	大粒	ひきわり	特にこだわらない
北海道	16.1	35.0	25.2	9.1	6.3	8.4
東北	13.5	27.0	25.5	8.5	15.6	9.9
関東	16.4	36.1	22.4	7.0	7.7	10.4
北陸	11.0	37.7	19.9	7.5	9.6	14.4
中部	6.1	40.6	26.7	4.4	10.0	12.2
近畿	12.2	39.6	27.5	5.0	2.7	13.1
中四国	5.3	46.6	18.8	7.5	8.3	13.5
九州	7.8	28.3	33.7	6.0	10.2	13.9

資料：全国納豆協同組合連合会「納豆に関する調査」(2019年)
注　：インターネット調査。対象者は図表10－6、図表10－7と同じ

食糧は国内の自給生産や米国からの輸入で、徐々に緩和の方向に動いたものの、動物性タンパク質と植物性タンパク質の絶対量が不足した。当時の学識者の意見は、大豆なら1日50gの摂取が必要で、これを納豆にして食べるのが一番良いとの結論であった。

GHQ（連合国総司令部）も納豆の有効性を知り、原料大豆の輸入に協力し日本人の栄養補給に貢献した。

また、1963（昭和57）年には、ユニセフ（国際連合児童基金、UNICEF）から、消化吸収のよい大豆タンパク質を安価に供給するための提案を受け、食糧研究所で納豆パウダーの研究がなされた。糸引き納豆は栄養価　薬用価値において高く評価されているが、特有の香気と粘質物の問題がある。これを解決し、納豆菌を使い、消化性が高く低食塩で貯蔵・輸送に便利な大豆発酵食品を造ることで、世界の低タンパク地域の人々にタンパク補給として利用される食品や食品素材を提供することを目指した。この結果造られた納豆パウダーは、ビスケット、クラッカー等に添加され、好評を博した。

このような経験の積み重ねから、筆者は、世界の飢饉や栄養偏重の問題解決のために、納豆の有効利用を考えたのである。

当時、アフリカの飢饉問題解決のため、納豆の技術移転が考慮されて、筆者らもこれに参加し提案した。

このような大問題の処理には、国連規模の解決を考えたが、現地の進め方はきわめて慎重であった。これからの人口増加による食糧危機に対処するため、大豆の栽培から始め、自力解決を図ることを考えた。この方針は、ナイジェリアFBCプロジェクトFederal Biotechnology Center（連邦生物工学センター）からの要請によって明瞭である。

FBCによれば、IAR&T（Institute of Agricultural Research and Training 農業研究訓練協会）の希望は、大豆加工の発達しているオリエンタルフード（豆腐、納豆、味噌、醤油、テンペ等）の工業生産を修得して、現在のナイジェリアンフードと調和した、新しいアイテムを研究、開発・普及することにある。フリーズドライなら長持ちし、デリバリーも簡単だが、生ものでは難しい。長持ちし、安く安全に届けられる形態を開発したいと述べている。

これは、筆者らが思い浮かべる、一拠点での大量生産による供給方式を考えるのではなく、永遠に民族に溶け込むことのできる、農村工業的自給体制を図ろうとしているのである。

日本の納豆工業は、その発生が古墳時代にさかのぼる稲作の藁《わら》と大豆との偶発によるものとすれば、1500年の基盤の上にこの1世紀で開花したものといえる。「ローマは一日にして成らず」のごとく、世界的な栄養・機能食品とすることは簡単ではない。しかし、バイオテクノロジーや食品加工技術の発達、また、食品・料理研究家たちの努力によって今後いかなる形態の食品が考え出されても不思議はないと思う。

このように、単なる糸引き納豆のみの技術移転、および食品製造・加工技術を含めた複合の技術移転を考えねばならない。

世界は広く、各国の食生活や食習慣は異なり、納豆を現在の形態で世界食品とするには問題がある。しかしながら、時代の流れは加速されており、この独特の食品がどのように変身して役立つようになるかも知れぬ。日本に発生したこの栄養食品は「日本人のための天与の食品」といわれてきたが、健康は世界人類の要請である。これからは、この納豆が世界全人類の健康に寄与する「全人類の天与の食品」となることを願う。

第11章　納豆についてのQ＆A

〔Q1〕健康にいいと聞いたので納豆を食べようと思いますが、どのような栄養分、カロリーなのでしょう？

〔A〕第6章「納豆の栄養・風味・生理機能性」をご覧ください。

〔Q2〕納豆は食べる前に混ぜないといけないと言われました。なぜ混ぜる必要があるのですか？

〔A〕発酵の終わった納豆の表面は、粘質物を含んだ菌叢《そう》で覆われています。混ぜずにそのまま召し上がる方もいらっしゃいますが、納豆全体が一度に持ち上がる程度に掻き回して粘質物を引き出し、しょう油またはタレを添加、掻き回して食べるのが一般的です。これは次の質問と関係しますので、あわせてご覧下さい。

〔Q3〕父親に納豆を混ぜる回数が少ないと言われました。よく混ぜると何か違いが出てくるのでしょうか？　また、何回くらい混ぜれば良いのでしょう？

〔A〕納豆表面の粘質物は、納豆のうま味の大切な要素です。納豆容器の中の納豆表面のネバネバが均一になる程度に掻き回せばよいのです。たくさん掻き回してもうま味成分が増えることはありません。

大粒の場合、大豆の味も大切ですが、大抵は表面の味や付きもののタレの味が主体で食べてしまいます。よく噛むと大豆のおいしさも味わえます。

〔Q4〕納豆を調理するとき、加熱すると栄養がなくなると聞きましたが本当ですか？

〔A〕調理中加熱して50～60℃に上がると、栄養成分は残るのですが、プロテアーゼやアミラーゼなどの消化酵素群が失活し減少してしまいます。納豆のもつ栄養と生理機能性を全部頂きたいと思うなら、納豆を生のまま食べるのがいちばん良い方法なのです。

〔Q5〕納豆の表面に白い斑点ができていて、食べるとザラザラしました。大丈夫でしょうか？

〔A〕大豆が発酵すると、大豆タンパクが分解し18種の遊離アミノ酸が生成されます。その中にチロシンという水に溶けないアミノ酸があります。納豆が過熱になると結晶して納豆表面に析出することがありますが、害にはなりません。

〔Q6〕ツンとする臭い（アンモニア臭）がするのはなぜですか？

〔A〕納豆の熟成が進み過熟になると、必ずアンモニアが発生してきます。納豆の発酵とアンモニアの発生はつきものですが、低温で熟成させアンモニアの発生を抑えています。第4章の「図表4—13 納豆菌によるタンパク質の分解と脱アミノの反応によるアンモニアの生成」をご覧ください。

〔Q7〕納豆を開けたら、ベタベタのドロドロ。表面に水飴をかけた状態です。食べても大丈夫でしょうか？

〔A〕現物を見てみないと一概には言えませんが、流通されている間に製品の温度が高くなり、納豆菌の菌苔が自己消化（分解）を起こし、納豆菌が溶けてベタベタ、ドロドロの水飴状になったものでしたら、最高に味がのって、おいしかったのではないかと思います。

〔Q8〕箸でつまみあげると糸引きが弱いように思いますが、大丈夫でしょうか？

〔A〕大豆成分の違い、また、発酵工程の経過の状況によって弱く感じられる場合もありますが、品質に心配はないと思います。

〔Q9〕混ぜても糸を引かないのですが、食べても良いのでしょうか？

〔A〕残念ですが、製造の失敗によるものと思われます。メーカーに連絡してあげてください。フタが密閉されているので確認できず、未発酵の製品が出荷されてしまったものと思います。

〔Q10〕カビが生えているように見えるのですが？

〔A〕納豆菌もよく繁殖すると三次元に成長し、カビが生えているように見えるのかもしれません。納豆菌は繁殖速度が速いので、カビはなかなか成長できません。もし、本当にカビであるならば、容器全体の納豆表面に1カ所くらいしか発生しません。これは、空中落下菌によるものです。この場合、室温に放置しておくと胞子がつくのでわかります。この場合はメーカーに電話してください。

〔Q11〕何か小さな黒い異物が入っているようですが、食べてもいいものでしょうか？

〔A〕胚軸の黒い大豆を使った場合、一つ一つの豆に黒いものが付いています。もし、異物混入の場合でしたら、そのままメーカーに送ってあげてください。

〔Q12〕納豆が粘るのはなぜなのでしょうか？

〔A〕納豆菌が大豆の表面でよく繁殖・発酵すると、粘質物が出ます。これが糸引き納豆といわれるゆえんです。ネバネバの本体は、グルタミン酸ポリペプチドとフルクタンという物質で構成された高分子で、細く長い糸を引きます。グルタミン酸とグルタミン酸のつながりはガンマ結合というジグザグに折りたためる構造になっているのが、粘る原因といわれています。

また、L型の20種あまりのアミノ酸アルファー結合フルクタンは、ネバネバの安定性を増すのに役立っています。

〔Q13〕納豆が臭いのはなぜでしょうか？

〔A〕大豆が納豆菌の繁殖・発酵を受けると、ネバネバのほか納豆特有の香りが発生します。これらの香気成分は、イソバレリアン酸やダイアセチル、テトラメチルピラジン等という化学成分ですが、決して悪い香りばかりではありません。納豆が良いと甘みのある良い香りがします。臭いと言われるのはアンモニアが原因で、発酵しすぎると発生します。買ってきたら、すぐに冷蔵庫に入れてください。低温で保存するとアンモニアの発生は少なく、気になりません。

〔Q14〕ほかの豆でも納豆をつくることができますか？

〔A〕良い納豆になるのは、大豆だけです。小豆、エンドウマメ、そら豆、インゲンマメ、ウズラマメなどでは、ネバネバが多く出ず、良い納豆になりません。

〔Q15〕腐ってネバネバしたものは食べられないのに、なぜ納豆は、腐っていても食べられるのですか？

〔A〕納豆の発酵は腐るとは言いません。味噌もしょう油も発酵させるといいます。腐ることは「腐敗」といい、やはり微生物の仕事なのですが、人間に害のある成分を発生させる場合をいいます。納豆の場合、人間にとって有益な成分ばかりなので発酵といいます。人間を中心に考えます。

〔Q16〕ナットウキナーゼとビタミンKは、逆の作用をするはずです。納豆の場合、どちらもあるので混乱します。本当は、血を溶かすのですか？固めるのですか？

〔A〕一般にナットウキナーゼといえば、血液をサラサラにする血栓溶解酵素といわれてきました。また、ビタミンKは血液凝固の働きをする物質と考え、混乱されたのでしょう。ご質問の「血液を固める」「血液を溶かす」ことは、人体の基本的な機能としてもっているものです。怪我をして血管を切った場合、血液の流出を防ぐために血液の凝固が起こりますが、これは人間の体の中で腸内細菌によって合成されているビタミンKが働きます。また、怪我が治ると傷口を防いでいた血栓などの溶解が行われますが、これも人体内で生成されるプラスミンによって行われます。

人体には一見、相反する機能に見えているものも周到に準備され、それが適時に働き生命を守る働きをしており、人体の神秘には驚嘆するばかりです。エドキサバン（リクシアナ）・リバーロキサバン（イグザレルト）・アビキサバン（エリキュース）※1など食事の影響を受けにくく、薬物相互作用の心配もそれほどない抗凝固薬が開発され納豆が食べられるようになりました（医師にご相談下さい）。

※1　抗凝固薬として古くから用いられてきたワルファリン（ワーファリン）に比べ効果発現がすみやかで、より安定した効果が期待できる。また、食事の影響を受けにくく、薬物相互作用の心配もそれほどない。このようなメリットから、抗凝固療法における新たな選択肢として有望視されている。

〔Q17〕大豆の発酵食品である味噌やしょう油は長期間の発酵ですが、納豆は長時間発酵させるとどうなるのでしょうか？

〔A〕納豆は、現在の発酵工程管理では1日で終了させた後、5℃以下の冷蔵庫で低温熟成させます。このままの環境で長時間熟成させた場合、遊離アミノ酸が多くなり、また、有機酸類も多くなって味が濃厚になります。ただし、それは良い原料で衛生管理の整った環境下の製品に限ります。

〔Q18〕酢や酢の物と一緒に納豆を食べるのは、よくないと言われました。納豆菌が死んでしまうのでしょうか？また、栄養などがなくなってしまうのでしょうか？

〔A〕酢の物と一緒に食べても納豆菌は死にません。ただ、納豆に酢をかけると、ネバネバが無くなってしまいます。納豆のネバネバは、鎖の長い糖類です。多糖類の鎖が酸で加水分解を受け、短くなって粘らなくなります。容器を洗うとき、酢を少々使うときれいに洗えますし、みかんを食べると口中のネバネバはなくなります。酢・酢の物との食べ合わせで栄養や機能性に影響することはありません。

〔Q19〕私は、海外に住んでいるため、冷凍納豆をレンジで解凍して食べます。栄養価は下がりますか？

〔A〕レンジで解凍してはいけません。レンジで解凍すると品温が上昇し、２００℃以上になって酵素群などが失活してしまいます。冷蔵庫に移し、低温で自然解凍してからお召し上がりください。

〔Q20〕7月10日が「納豆の日」になったのはいつ頃からですか？

〔A〕納豆連では、１９９４（平成６）年から7月10日を「なっとう」にかけて「納豆の日」と制定しています。これは、関西納豆工業協同組合で75（昭和50）年から定められていたものを、全国規模に発展させたものです。

　日本人にもっとも親しみ深い食材である納豆の消費拡大をテーマに、キャンペーンを展開していますが、同時に健康食である納豆の寄贈も各県で行われます。納豆連では、納豆の魅力を伝える大切な日と位置づけています。

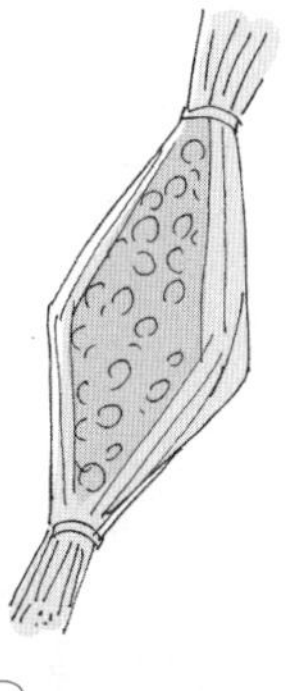

〔関連団体〕

全国納豆協同組合連合会

所在地　〒116−0002　東京都荒川区荒川　6−28−10　2階

TEL　03−6807−6757／FAX　03−6807−6758

〔参考文献〕

渡辺杉夫「食品加工シリーズ⑤納豆」農山漁村文化協会（2002年）

日刊経済通信社「酒類食品統計月報（平成11年7月号）」（1999年）

食品産業新聞社「食品用大豆の用途別使用量（1992〜1999年）」大豆油糧日報（1999年6月号）

砂田喜与志、佐々木紘一、三分一敬、酒井直次、土屋武彦「納豆用大豆育成系統の加工適正試験」納豆科学研究会誌1（1977年）

全国納豆協同組合連合会「納豆沿革史」（1975年）

原　敏夫「納豆は地球を救う」リバティ書房（1994年）

林　右市、長尾和美「納豆食に対するシスチン、メチオニン、鶏卵及び牛肉の補足効果、納豆の栄養価に関する実験的研究（第11報）」（1976年）

望月英男「食品の調理科学」医歯薬出版（1961年）

大黒 勇ら「飲食用細菌（納豆菌・乳酸菌）腹腔内注射のハツカネズミに及ぼす影響」医学と生物学88(2)（1974年）
太田輝夫「なっとう健康法」双葉社（1975年）
田村豊幸「大豆はなぜ体に良いか」健友館（1985年）
天然物、生理機能素材研究委員会編『納豆の機能成分及び治療・予防に関する研究(1)』日本工業技術振興協会（1994年）
天然物、生理機能素材研究委員会編「納豆の機能成分及び治療予防に関する研究(2)」日本工業技術振興協会（1995年）
渡辺杉夫「納豆工業・その発展の過程と現況」大豆月報169（1991年）
全国納豆協同組合連合会「納豆沿革史」（1975年）
河野臨床医学研究所「河医研・研究年報28」（1978年）
大豆供給安定協会「国産大豆利用促進流通消費等実態調査報告書」（1986年）
大豆供給安定協会「国産大豆利用促進流通加工動向調査報告書」（1988年）
木内 幹、細井知宏「国産大豆の加工適性、納豆用大豆の加工適性に関する文献」食品産業センター報告書（1998年）
農林水産省農産園芸局畑作振興課・農林水産技術会議事務局企画調査課「国産大豆品種の事典〜使ってみよう・作ってみよう日本の大豆品種」（1998年）
農林水産省農産園芸局畑作振興課「大豆に関する資料（120〜124、164）」
(財)食品産業センター「国産大豆利用促進支援事業報告書」（1999年）
農林水産省生産局生産流通振興課『大豆に関する資料 Ⅳ大豆の検査、Ⅵ大豆の品種、Ⅷ大豆の動向」（2009年）

平 春枝「納豆・煮豆用大豆の品質評価法」食糧30：153～168（1992年）
平 春枝「国産大豆の品質と生産者及び産地への希望、中山間地域の農業と豆類振興」全国農業改良普及協会（1995年）
高尾彰一「納豆研究の歴史的考察 アジアの無塩発酵大豆食品」アジアの無塩発酵大豆会議 1985講演集（1986年）
太田輝夫「納豆、食糧 その科学と技術（別刷12）」農林省食糧研究所（1969年）
渡辺杉夫「納豆の製造技術と包装工程」食品と科学27（10）食品と科学社（1985年）
㈳日本食品衛生協会「納豆の衛生管理要領」（1980年）
大瀬 登、太田輝夫、遠藤敏雄、津田文夫、永井好望、春田三佐夫、槇 孝雄、食品衛生専門技術委員会委員「納豆の衛生管理要領」日本食品衛生協会（1980年）
渡辺杉夫「納豆製造技術の課題「国際技術移転」デイリーフード・大豆と技術」フードジャーナル社（1994年）
農林水産省食品流通局「納豆の品質表示基準作成準則（改正平成7年2月17日）」鈴与工業㈱設計部資料（1995年）
特許庁公開特許公報並びに登録実用新案公報
栃木県食品工業指導所発酵食品部「納豆の利用技術開発 食品素材としての納豆の利用について」新製品開発事業報告書（1982年）
渡辺杉夫「成長市場・納豆生産の工業化と国際化」農林水産技術研究ジャーナル（第23巻第9号）農林水産技術情報協会（2000年）
全国納豆協同組合連合会「世界が注目する素晴らしい機能性加工食品『納豆』」新薬効交換レポート（2001年）

亀和田光男 編「機能性食品の開発」シーエムシー（2001年）
Kan Kiuchi,Sngio Watanabe 〝4 Industrialization of Japanese Natto〟（2004）
byKeith H. 〝Industrialization of Indigenous Fermented Foods Second Edition〟 Steinkraus Cornell University Marcel Dekker,Inc.
北川 勲、吉川雅之編「食品薬学ハンドブック」講談社（2005年）
一島英治「麹」法政大学出版局（2007年）
須見洋行「食品機能学への招待」三共出版（2008年）
三好基晴「「健康食」はウソだらけ」祥伝社（2008年）
木内 幹、永井利郎、木村啓太郎 編「納豆の科学―最新情報による総合的考察―」建帛社（2008年）
早田邦康「日本人はなぜ長寿世界一になったか」現代書林（2009年）
木内　幹 監修、他「納豆の研究法」恒星社厚生閣（2010年）
全国納豆協同組合連合会「5分でわかるポリアミン見えてきた本当のアンチエイジング『納豆に含まれるポリアミンが老化と動脈硬化を防止する！』」
喜多村啓介他「大豆のすべて」サイエンスフォーラム（2010年）
全国納豆協同組合連合会「納豆健康学セミナー（第1回～第15回）」
「大腸からの薬物吸収：薬物吸収を支配する物理化学的因子」Biol.Pharm.Bull 17（2）327～333（1994）

著者の略歴

渡辺　杉夫（わたなべ　すぎお）

1930年生まれ。宇都宮大学農学部農芸化学科において醗酵専攻。以降、アルコールならびに醸造工業の試験研究などに携わる。
昭和52年鈴与工業株式会社に勤務。納豆生産技術の開発に従事。取締役企画室長。平成元年より平成9年まで、農林水産省食品総合研究所醗酵食品講習会において“無塩大豆発酵食品（納豆）”の講座を担当。平成21年8月「東亜発酵食品研究所」を開設し現在にいたる。
【主な著書】「地域資源活用　食品加工総覧　第5巻」（共著　農文協）「食品加工シリーズ⑤　納豆」（農文協）
「Industrialization of Indigenous Fermented Foods」（共著 MERCEL DEKKER. INC.）「醗酵と醸造Ⅲ」（共著、光琳）「つくって遊ぼう②納豆の絵本」（農文協）「納豆の科学—最新情報による総合的考察」（共著、建帛社）「大豆のすべて」（共著、サイエンスフォーラム）

食品知識ミニブックスシリーズ **「改訂版　納豆入門」**

定価：本体1,200円（税別）

平成21年12月22日 初版発行
令和2年9月30日　 改訂版発行

発　行　人：杉　田　　尚
発　行　所：**株式会社　日本食糧新聞社**
〒104-0032　東京都中央区八丁堀2-14-4
編　　　集：〒101-0051　東京都千代田区神田神保町2-5
北沢ビル　電話03-3288-2177
FAX03-5210-7718
販　　　売：〒104-0032　東京都中央区八丁堀2-14-4
ヤブ原ビル7階　電話03-3537-1311
FAX03-3537-1071
印　刷　所：**株式会社　日本出版制作センター**
〒101-0051　東京都千代田区神田神保町2-5
北沢ビル　電話03-3234-6901
FAX03-5210-7718

乱丁本・落丁本は，お取替えいたします。

カバー写真提供：PIXTA（ピクスタ）　納豆：梵智丸

ISBN978-4-88927-274-1　C0200

★納豆業界の育成・発展に活躍する

広告索引（掲載順）

●㈲宮城野納豆製造所
●㈱丸美屋
●あづま食品㈱
●ニッショク映像㈱
●兼松㈱
●全国納豆協同組合連合会
●太子食品工業㈱
●高橋食品工業㈱
●道南平塚食品㈱
●野呂食品㈱
●二豊フーズ㈱
●原田製油㈲
●ひげた食品㈱
●㈲ミドリヤ
●㈱ヤマダフーズ
●㈱日本出版制作センター
●シンコーフーズ㈱
●エム・エス・ジー㈱
●㈱村山製作所
●アメリカ大豆輸出協会
●鈴与工業㈱

あづま食品株式会社

代表取締役社長　黒崎英機

〒三二一九－二二五　宇都宮市下田原町三四八〇－二
電話〇二八(六七二)二二二二

ニッショク映像株式会社

「食」の最新情報とトレンドを伝える
「日本食糧新聞」の動画チャンネル

〒一〇四-〇〇三二　東京都中央区八丁堀二-一四-四　ヤブ原ビル七階
電話〇三(三五三七)一三〇五

兼松株式会社

向井涀

〒一〇五－八〇〇五　東京都港区芝浦一－二－一　電話〇八〇(一七三三)一〇五三
Eメール：KG_SOYBEANALL@kanematsu.co.jp

鈴与工業株式会社

代表取締役　鈴木英之

〒一七三－〇〇一四　東京都板橋区大山東町二九－九
電話〇三(三九六二)六一一一

全国納豆協同組合連合会

会長　野呂剛弘

〒一一六－〇〇〇二　東京都荒川区荒川六－二八－一〇－二階
電話〇三(六八〇七)六七五七

太子食品工業株式会社

代表取締役社長　工藤茂雄

〒〇三九－〇一四一　青森県三戸郡三戸町大字川守田字沖中六八
電話〇一七九(二二)二一一一